百木汇成林　树王聚金陵

金陵树王

（下册）

主　编 ◎ 沈永宝

副主编 ◎ 史锋厚　汪欣元　孙立峰　董丽娜

中国林业出版社
China Forestry Publishing House

图书在版编目（CIP）数据

金陵树王．下册 / 沈永宝主编 ；史锋厚等副主编．-- 北京 ： 中国林业
出版社，2023.6
ISBN 978-7-5219-2266-0

Ⅰ．①金⋯ Ⅱ．①沈⋯ ②史⋯ Ⅲ．①林木—种质资源—南京 Ⅳ．
①S722

中国国家版本馆CIP数据核字 (2023) 第 126965 号

责任编辑　于界芬　于晓文

出版发行　中国林业出版社（100009，北京市西城区刘海胡同7号，电话010-83143549）
电子邮箱　cfphzbs@163.com
网　　址　www.forestry.gov.cn/lycb.html
印　　刷　北京雅昌艺术印刷有限公司
版　　次　2023年6月第1版
印　　次　2023年6月第1次印刷
开　　本　889mm×1194mm　1/16
印　　张　15.75
字　　数　360千字
定　　价　158.00元

《金陵树王》（下册）

编 委 会

主　　编　沈永宝

副 主 编　史锋厚　汪欣元　孙立峰　董丽娜

参编人员　严　俊　杨晓栋　孙戴妍　奚月明　郑爱春

邓福海　孙其军　谢智翔　汪佳佳　陈家敏

刘建水　张　新　任　莺　杜　佳　窦　浩

弓　义　沈　洁　张　玮　孙玉轮　沈　欢

李宁宁　吴　玉　陈海燕　鲍文沁　周亚晶

朱爱生　任文玲　潘珠静　李晓菁　陈金玲

王慧丽　张禹琪　蔡　昊　彭辰吟　胡亚梅

黄文慧　邱雨后　倪　岳　鲍　嵚　邵　俊

常梦琦　邓知昀　梅万彬

前　言

　　中华上下五千年，历史悠久，文化璀璨。秦砖汉瓦让今人在遥想中叹为观止，唐诗宋词给后人留下弥足珍贵的精神财富。这些见证了我们中华民族辉煌历史的文化血脉生生不息、绵绵不绝，但是见证这些"鲜活生命"的"物"在我们文化史中却并不多见。环顾周遭，记录社会、城市发展的树木无疑具有这种"物"的功能。或许也只有它们才可以承担起如此重任。

　　森林是人类的最早发源地。古人类的衣食住行都离不开树木，时至今日，树木产品在人类生产、生活中仍然不可或缺。在城市化进程中，树木发挥着不可替代的作用。作为城乡绿化的主体要素，防护林网、公园绿道、乡村郊野都不乏树木婆娑的身影；以树木为依托的林业产业是最有发展前景的绿色产业之一，是中国脱贫攻坚的助推者和见证者，是乡村振兴的生力军；树木一生都在吸收二氧化碳、释放氧气，通过净化环境，保护生态造福人类。古往今来，咏叹树木的诗词歌赋浩如烟海，记录树木的影像图集也数不胜数，但见证一座城市发展的树王却无人问津，这不能不说是我们地方文化发展中的一个缺憾。每念及此，我就想，我们或许早就应该反思。

　　城市是现代文明的集聚地和制高点，古老的城市留下了古老的印痕，古老的印痕蕴藏着古老的故事。我国幅员辽阔，城市星罗棋布，但拥有历史文化名城之美誉的只有130多座，而"六朝古都"南京则名列其中。南京古称金陵、建康、建邺、江宁等，有着3100年的建城史和近500年的建都史。悠久的历史成就了南京厚重的文化底蕴，钟灵毓秀、城墙连绵、秦淮水韵，无一不是南京的"味道"，而散落在城市、山林中的一棵棵树木，更是在默默述说着南京的过往旧事和当下发展的无限生机。古都金陵，不乏树王的存在，她蕴藏着独特的遗传资源。春夏秋冬，岁月更迭，历经沧桑的一棵棵树王，或绽放在春风里，或摇曳在夏荫中，或耀眼在金秋里，或傲雪在寒冬中。不求闻达，偏安一隅，独自经受岁月的洗礼。如今，生态文明建设的号角早已吹响，时代呼唤英雄的出现，而树王便是树木中的英雄。不过，寻找英雄、发现英雄，首先需要我们去探索、去认知。

"十三五"期间，南京市相继开展了全市林木种质资源清查工作，调查成果再次证实了南京"林家铺子"的"成色十足"。南京市的林木种质资源数量位居江苏省首位，在领先、率先、争先、创先等方面为其他兄弟市作出了示范。本次"金陵树王"评选对象是市域范围的参天古树和挺拔大树的种质资源，有四季常青的常绿树种和春萌秋落的落叶树种，有高大的乔木树种、精致的灌木树种、缠绕的藤本植物，也有优良的生态树种、高产的材用树种和优质的经济林树种等，当然，也包括了原生乡土树种和外来树种。

百木汇成林，树王聚金陵。我的城市，我的树王！以树王的形态特征、生态习性和主要用途传播树种的自然科学知识，以树木文化和树王特写来重现城市和树木的前世今生，把复杂的专业知识转化为可全民互动的科普话题，为大众学习树种专业知识、了解南京树王的分布提供专业性参考。在寻找树王、宣传树王的过程中，既推广科普知识，也传递城市历史文化和树王的文化价值，增进人们保护树木种质资源、保护环境的生态意识，守护并拓展南京市的旅游资源，同时也增强南京作为绿色古都的文化自信，营造"我的树王我来护，我的南京我来建"的良好社会氛围。这，即是我们编纂《金陵树王》的初衷。

本书收录了 40 个树种的树王，所有树王的选定均是在实地严谨调研、反复认真对比、专家细致评选的基础上完成。通过追溯树王历史、展现树王风姿，以达以树阅史、以树悟心、以树靓城的编纂目的。本书的出版得到多家单位、多位同仁的大力支持，在此深表谢意！特别致谢南京市绿化园林局、南京市林业站、南京林业大学以及参与树王调查和评选的相关单位、专家和提供树王信息、摄影照片的各位友人，没有你们的鼎力相助，繁复的调研、精细的对比、专业的评定等工作不可能顺利开展；感谢参与本书撰稿的各位老师和研究生，没有你们的无私奉献、热忱帮助，也就不可能有《金陵树王》（下册）的集结出版。

"吾生也有涯，而知也无涯"，在浩瀚的大自然面前，人类的认知如沧海一粟，微不足道，但我们还是希望把这册《金陵树王》（下册）呈现给大家，为认知我们生活的这个城市、脚下的这片土地提供历史文化与现实美感兼具的资料参考。其间，不足之处在所难免，还望诸君不吝赐教！

编　者

2023 年 5 月

目 录

百木汇成林　树王聚金陵

金陵树王

白皮松

白皮松树王位于南京市玄武区玄武湖公园梁州（N 32°04'45"、E 118°47'19"）。胸径45厘米，树高10米，冠幅5.5米；树龄约103年，健康状况良好。初识白皮松，总感觉他有奇特之处，与其他松树不同，树皮甚是光滑，呈鳞片块状脱落，尤其老皮呈灰白色，若不看松针，还以为是法桐树。南京虎踞龙蟠，皇家园林和私家园林之中必少不了白皮松的身影，虽树体不大，观赏价值却超群出众，堪称园中瑰宝。玄武湖梁州的这株白皮松树王历经沧桑，却充满生机，愈老弥坚，展现出超凡脱俗的气势，正可谓"清风无闲时，潇洒终日夕"。

白皮松

学名 *Pinus bungeana* Zucc. ex Endl.

别名 蟠龙松、虎皮松、白果松、三针松
白骨松、美人松

科属 松科（Pinaceae）松属（*Pinus*）

形态特征

常绿乔木，高达30米，胸径可达3米。有明显主干，或从树干近基部分成数条枝干。枝较细长，斜展，形成宽塔形至伞形树冠；幼树树皮光滑，灰绿色，长大后树皮呈不规则薄块片脱落，露出淡黄绿色的新皮，老则树皮呈淡褐灰色或灰白色，裂成不规则的鳞状块片脱落，脱落后近光滑，露出粉白色的内皮，白褐相间成斑鳞状；1年生枝灰绿色，无毛；冬芽红褐色，卵圆形，无树脂。针叶3针一束，粗硬，长5~10厘米，粗1.5~2毫米，叶背及腹面两侧均有气孔线，先端尖，边缘有细锯齿。雄球花卵圆形或椭圆形，长约1厘米，多数聚生于新枝基部成穗状，长5~10厘米。球果通常单生，初直立，后下垂，成熟前淡绿色，熟时淡黄褐色，卵圆形或圆锥状卵圆形，长5~7厘米，径4~6厘米，有短梗或几无梗；种鳞矩圆状宽楔形，先端厚，鳞盾近菱形，有横脊，鳞脐生于鳞盾的中央，明显，三角状，顶端有刺，刺之尖头向下反曲，稀尖头不明显；种子灰褐色，近倒卵圆形，长约1厘米，径5~6毫米，种翅短，赤褐色，有关节易脱落，长约5毫米。花期4~5月，球果翌年10~11月成熟。

球果

雄球花

种子

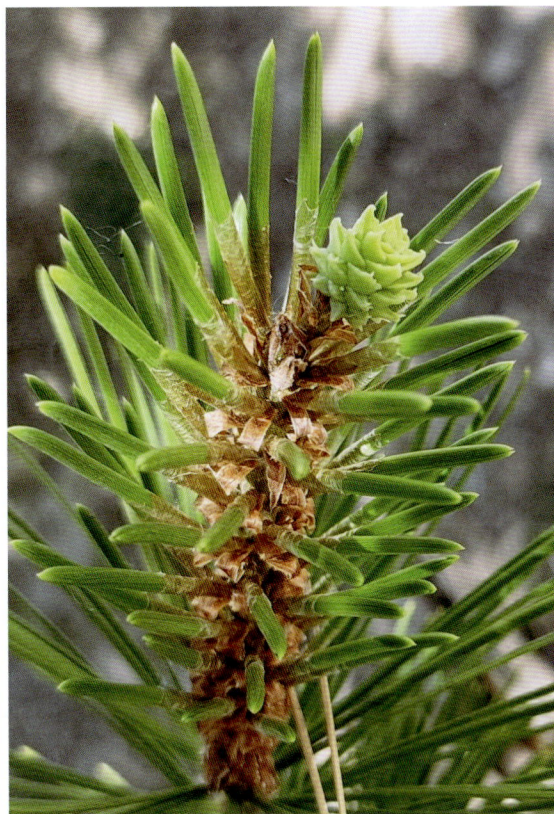
雌球花

分布范围

我国特有树种，产于山西（吕梁山、中条山、太行山），河南西部，陕西秦岭，甘肃南部及天水麦积山，四川北部江油观雾山及湖北西部等地，生于海拔 500~1800 米地带，北京、江苏、山东、浙江等地均有栽培。

生态习性

喜光，耐瘠薄及较干冷的气候，在气候温凉、土层深厚、肥沃湿润的钙质土和黄土上生长良好。白皮松吸附二氧化硫、臭氧、氟化氢以及烟尘、沙尘能力较强。

主要用途

白皮松树姿优美，苍翠挺拔，树皮斑驳美观，针叶青翠可爱，外形古朴有力，庄严肃穆，别具特色，极富观赏性，为优良的绿化观赏树种，最适植于庭院中堂前或亭侧，看苍松奇峰相映成趣，颇为壮观。材质优良，心材黄褐色，边材黄白色或黄褐色，质脆弱，纹理直，有光泽，花纹美丽，可供房屋建筑、家具、文具等用材。种子可食用或榨油，秋果可入药。

树木文化

白皮松是我国特有树种，古时又称栝松、栝子松、白松、孔雀松等。宋代苏颂佳作"彷彿观平远，分毫见栝松"，描写出白皮松的优良特性，即使在贫瘠土地上或者在悬崖峭壁之间，任凭严寒酷暑的肆虐袭击和风霜雪雨的恣意泼洒，白皮松依旧雄姿英发。古人认为白皮松象征白龙，因此大多种植于皇陵、宫苑、寺院内。清朝阮元《昌运宫白皮松歌》："昌运宫在香山乡，古松七株百尺长。入门瞥眼惊相望，白龙乱窜千条光……"，形象地展现了白皮松雄伟如白龙的风姿。明朝张著的《白松诗》亦有写道："叶坠银钗细，花飞香粉干。寺门烟雨里，浑作玉龙看。"烟雨笼罩下的山寺，幽然静谧，与白皮松一起组成自然而淡雅的景致，颇有超然物外的意蕴。明末清初彭孙贻《与诸弟夜就田家宿听雨枕上偶成》曰："载酒过山寺，提壶就石泉。麝香粘梧子，松影乱茶烟。蒸菌云根湿，侵苔展齿妍。士床茹枕卧，小雨警春眠。"完美描绘出山、泉、树、云、雨相融洽的一幅山水画。

幼树树皮

白皮松因观赏价值高且适应能力强，从古至今多有栽培观赏。如明朝朱有燉《元宫词（一百三首）》曰："地寒不种芙蓉树，土厚宜栽梧子松。清晓内官呼彩绥，各官分赐牡丹丛。"明朝陆深曰："云间梧松重昭庆，往往盆盎时见之。"明朝苏州白皮松的种植已经较为普遍，是苏州私家园林的主栽树种。太仓人王世懋，官至太常少卿，晚年返回故里，建有"澹园"，且独爱栽植奇花异卉。他编撰的《学圃杂疏》称梧子松为"园中佳品"。文震亨的《长物志》记载了白皮松的庭院配植："梧子松植堂前广庭，或广台之上，不妨对偶。斋中宜植一株，下用文石为台，或太湖石为栏俱可。"现在苏州古典园林中能见到的白皮松大体都用这一格局配植。

白皮松被誉为世界上最美的树种之一，堪称松树"皇后"。她拥有斑驳美观的树皮，青翠如塔、蓬蓬如伞的树冠，洒脱斜展的树枝和饱满亮丽的针叶。我国也常把白皮松作为重要国事活动纪念树种之一。如1975年4月20日，叶剑英副主席与朝鲜金日成主席一同参加中朝友好人民公社典礼仪式时，共同栽植一株白皮松，象征中朝两国人民的伟大友谊和战斗团结的精神万古长青。2014年11月11日，亚太经济合作组织（APEC）21个成员经济体领导人、代表在北京怀柔雁栖湖共同栽下了象征亚太伙伴合作关系长青的白皮松友谊林。

白皮松象征着坚强不屈的精神、正直高洁的品质，寓意万古长青。

保护现状

世界自然保护联盟濒危物种红色名录（IUCN红色名录）：濒危（EN）。

百木汇成林 树王聚金陵

金 陵 树 王

培忠杉

培忠杉树王位于南京市玄武区龙蟠路 159 号南京林业大学《人与自然》雕塑后（N 32°5′0.10″、E 118°49′11.53″）。胸径 81 厘米，树高 18 米，冠幅 10 米；树龄约 68 年，健康状况良好。培忠杉是树名，也是人名！既为赞树，也为颂人！此人便是叶培忠先生，我国著名林木育种学家。树王生长于南京林业大学校园，也是培忠先生生前工作的地方，校园中保存了当年杂交育种所获的全部培忠杉"兄弟姐妹"，共 5 个基因型，但因"长相"相似，只能以"胸粗体大"者为"王"了！

培忠杉

学名　×*Taxodiomeria peizhongii* Z. J. Ye, J. J. Zhang & S. H. Pan

别名　东方杉（商品名）

科属　杉科（Taxodiaceae）落羽杉属（*Taxodium*）

形态特征

　　半常绿或常绿高大乔木，其树冠形态以椭圆形和圆柱形为主，树干基部均表现圆整，无板状根与根膝。叶的侧生小枝为螺旋状散生，不呈二列，叶呈条形，扁平，长度约 1 厘米，排列紧密，排成二列，呈羽状，通常在一个平面上整个脱落性小枝呈尾渐尖状。其树皮除纵裂外还常见明显横裂，1 年生小枝呈灰褐色或浅褐色。小叶具有父本柳杉叶锥形的特点，且第一级分枝和主干上常见萌生枝条。成年树仅见雄球花，为孢子叶球，呈纵状排列，未见雌球果。落叶期在 1 月中旬至 3 月上旬，时间 1 个半月至 2 个月。

分布范围

　　上海、江苏、湖北、浙江、江西、安徽、福建等沿海、沿江地区均有栽培。

花序

叶

花序

生态习性

喜光，喜疏松、肥沃、湿润土壤；耐盐、耐碱、耐水湿，在常年涝洼、水淹的条件下均能存活。

主要用途

生长速度快，树体高大，通直挺拔，树冠浓密且常呈椭圆形，具有较高的观赏价值。培忠杉落叶迟，是华东地区优良的观赏树种，常孤植、片植或用作行道树等。优良的沿海、沿河、环湖、湿地绿化树种。根系发达，抗风能力强，可用于盐碱地、低洼或沼泽地、江河堤岸防浪护堤、涵养水源。

树木文化

培忠杉是以我国著名林木育种专家叶培忠教授的名字来命名的。叶培忠教授是我国当代树木育种学的先驱者之一，中国水土保持研究的开拓者之一，在树木育种学和水土保持学的教学和科研方面硕果累累。

1963 年，叶培忠教授以墨西哥落羽杉为母本，柳杉为父本进行杂交试验，得到 3 个球果。种子播种后出苗 12 株；1967 年从中筛选出 5 株，连年用嫩枝扦插繁殖苗木，至 1972 年共育苗 6000 余株，上海、武汉、苏州等地相继引种。随着时间的推移，培忠杉速生、抗风、抗盐碱、耐水湿、落叶期短、净化空气等优良性状逐渐显现，引起上海市林业专家的关注，并于 2000 年开始对培忠杉进行研究和推广种植。经上海市林业总站和南京林业大学联合申请，2004 年 7 月，国家林业局批准授予"东方杉"（培忠杉的商品名）植物新品种权，2007 年 9 月，美国国家专利局和商标局授予培忠杉植物新品种权，这是我国木本植物首次在国外获得专利。2010 年，有着中国自主知识产权的东方杉在上海世博公园内昂首挺立，成为"镇园之宝"。

树皮

培忠杉不仅为城市注入绿色的生机，更成为沿海地区防护林的新秀。它的培育和推广历程反映出我国现代林业工作者创新、执着、奉献的精神，即使他们中的一些人已经逝去，但他们的科研精神将伴随着培忠杉一起，在大江南北扎根生长，欣欣向荣，生生不息。

保护现状

世界自然保护联盟濒危物种红色名录（IUCN 红色名录）：未评估（NE）。

百木汇成林　树王聚金陵

金陵树王

水杉

水杉树王位于南京市玄武区明孝陵景区梅花山红楼艺文苑花房西（原民国花房）（N 32°3′11″、E 118°50′16″）。胸径 97 厘米，树高 32 米，冠幅 13.5 米；树龄约 88 年，健康状况良好。水杉的发现被誉为 20 世纪植物学上的重大发现。作为植物界的"活化石"，古老的孑遗植物，水杉原本在地质中生代白垩纪广布北半球，但由于第四纪冰川的降临，水杉几乎全部绝灭，唯有我国中部地区成为了水杉"残存之地"。当时，这个曾被宣告已经灭绝的植物，被发现也颇费周折。干铎、王战、吴中伦、胡先骕、郑万钧、华敬灿等林学家为水杉的发现和命名作出了重要贡献。原民国花房中的这株水杉是全国乃至全世界第一批人工种植的水杉。

水杉

学名 *Metasequoia glyptostroboides* Hu & W. C. Cheng
别名 梳子杉
科属 柏科（Cupressaceae）水杉属（*Metasequoia*）

形态特征

　　落叶乔木，高达 35 米，胸径达 2.5 米。树干基部常膨大；树皮灰色、灰褐色或暗灰色，幼树裂成薄片脱落，大树裂成长条状脱落，内皮淡紫褐色。枝斜展，小枝下垂，幼树树冠尖塔形，老树树冠广圆形，枝叶稀疏；1 年生枝光滑无毛，幼时绿色，后渐变成淡褐色，2~3 年生枝淡褐灰色或褐灰色；侧生小枝排成羽状，长 4~15 厘米，冬季凋落；主枝上的冬芽卵圆形或椭圆形，顶端钝，长约 4 毫米，径 3 毫米，芽鳞宽卵形，先端圆或钝，长宽几乎相等，2~2.5 毫米，边缘薄而色浅，背面有纵脊。叶条形，长 0.8~3.5 厘米（常 1.3~2 厘米），宽 1~2.5 毫米（常 1.5~2 毫米），上面淡绿色，下面色较淡，沿中脉有两条较边带稍宽的淡黄色气孔带，每条带有 4~8 条气孔线，叶在侧生小枝上列成二列，羽状，冬季与枝一同脱落。球果下垂，近四棱状球形或矩圆状球形，成熟前绿色，熟时深褐色，长 1.8~2.5 厘米，径 1.6~2.5 厘米，梗长 2~4 厘米，其上有交互对生的条形叶。种鳞木质，盾形，通常 11~12 对，交叉对生，鳞顶扁菱形，中央有一条横槽，基部楔形，高 7~9 毫米，能育种鳞

叶

花序

球果

秋叶

有 5~9 粒种子；种子扁平，倒卵形，间或圆形或矩圆形，周围有翅，先端有凹缺，长约 5 毫米，径 4 毫米。子叶 2 枚，条形，长 1.1~1.3 厘米，宽 1.5~2 毫米，两面中脉微隆起，上面有气孔线，下面无气孔线；初生叶条形，交叉对生，长 1~1.8 厘米，下面有气孔线。花期 2 月下旬，球果 11 月成熟。

分布范围

自然分布于湖北利川，重庆万州、石柱，湖南龙山、桑植等地。20 世纪 50~70 年代全国各地普遍引种栽培，北至辽宁草河口、辽东半岛，南至广东广州，东至江苏、上海、浙江，西至云南昆明、四川成都、陕西武功，已成为广受欢迎的绿化树种之一，约 50 个国家和地区引种栽培，北达北纬 60° 的列宁格勒及阿拉斯加等地。

生态习性

喜光，喜温暖湿润气候，不耐贫瘠和干旱，可耐轻度盐碱，耐寒性较强，多生长于山谷或山麓附近地势平缓、土层深厚、湿润或稍有积水的地方，适宜酸性山地黄壤、紫色土或冲积土。

主要用途

水杉树姿优美，干通直挺拔，新叶碧绿，秋叶锈红，是优良的景观树种，宜列植、丛植、片植，也可植于堤岸、湖滨、池畔，营造独特风景。水杉对二氧化硫有一定抵抗能力，是工矿区绿化的优良树种。边材白，心材红，材质轻软，纹理直，是良好材用树种，可作建筑、板料、家具等用材。

树木文化

"君生亿万年，最喜水云边。薄羽微风动，轻杉天地间。"水杉有"活化石"之称，是世界上珍稀孑遗植物。远在1亿多年前的中生代上白垩纪时期，水杉已广泛分布于北半球，后因新生代中期气候、地质的变迁，水杉的分布逐渐缩小到欧洲、亚洲和北美洲。到新生代的第四纪，水杉因为冰川运动而几乎灭绝。在欧洲、北美洲和东亚，从晚白垩至新世的地层中均发现过水杉化石。庆幸的是，当时中国陆地上的冰川是零星分散的"山地冰川"，为部分水杉留下了避难所。其中的一些"幸运儿"在山沟里默默无闻地存活了几千万年，直到1941年才在四川、湖北交界处被发现，1948年由我国植物分类学家胡先骕和郑万钧两位教授命名，当时轰动了整个世界。业内专家长期把水杉比作植物界的"恐龙"，被认定灭绝的它们突然出现，正如"恐龙再世"一般令人震撼。专家们对水杉的赞叹和重视并不为过，它们对古植物、古气候、古地理地质学及裸子植物系统发育的研究都有珍贵的佐证和参考价值。水杉种子曾被毛泽东主席赠予苏联，被周恩来总理赠送给朝鲜；邓小平同志曾亲手将两株水杉栽在尼泊尔皇家植物园，而尼克松在担任美国总统期间把他心爱的游艇命名为"水杉号"。

水杉高耸入云、树形秀丽，犹如一座直冲云天的宝塔。每逢春日将至，水杉吐露新芽，娇嫩欲滴。小叶如羽毛般排列枝上，微风拂过，叶如鸟翼张合扇动。到了秋季，那或红或黄的枝叶在阳光的映照下色彩斑斓。无论什么时节，它都带给人们怡人的风景和无边的遐想。"水杉直耸向云端，气势轩昂非等闲""霜后杉林失郁葱，依然高耸入云穹"，不少文人的诗作都赞美水杉的高大和葱郁。水杉还凭借着自己坚韧不拔的毅力与大自然顽强抗争，不畏严寒，仲冬之时仍傲立冰雪之中，表现了刚正不阿、坚韧不挠的品格，"飒爽英姿秀挺拔，玉树临风美潇洒。一身朝气鸿鹄志，满腔热情蓬勃发。本性耿直何献媚，刚正不阿无虚假。笑看众草随风摇，独面寒冬抗雪压。"无论是在庭院、道路还是森林，水杉都笔直挺立，且春夏秋冬风景不同，总能令人流连忘返。

高大秀颀的水杉树，具有高贵而不同凡响的气质，象征着坚忍、顽强、不畏艰险、贫不移志、苦不思退的傲然骨气。

保护现状

《国家重点保护野生植物名录（第一批）》：一级。

世界自然保护联盟濒危物种红色名录（IUCN红色名录）：极危（CR）。

金陵树王

侧柏

侧柏树王位于南京市江宁区禄口街道上穆社区内官庄（N 31°44′38″、E 118°49′02″）。胸径 89 厘米，树高 9 米，冠幅 9 米，枝下高 1.5 米；树龄约 300 年，健康状况良好。侧柏树王历经几百年岁月洗礼，虽曾遭雷击而损失半壁枝干，但威武气势不减，傲视岁月轮回，君临天下，苍劲有力。

侧柏

学名 *Platycladus orientalis* (L.) Franco
别名 香柏、黄柏、扁柏、扁桧、香树、香柯树
科属 柏科（Cupressaceae）侧柏属（*Platycladus*）

形态特征

常绿乔木，高达 20 余米。树皮薄，浅灰褐色，纵裂成条状。幼树树冠卵状尖塔形，老树树冠则为广卵形。生鳞叶的小枝细，向上直展或斜展，扁平，排成一平面，两面同形。叶鳞形，鳞叶二型，交互对生，长 1~3 毫米，先端微钝，小枝中央叶的露出部分呈倒卵状菱形或斜方形，背面中间有条状腺槽，两侧的叶船形，先端微内曲，背部有钝脊，尖头的下方有腺点。雌雄同株，球花单生枝顶；雄球花黄色，卵圆形，长约 2 毫米；雌球花近球形，径约 2 毫米，蓝绿色，被白粉。球果卵状椭圆形，长 1.5~2 厘米，成熟时褐色。种鳞木质，扁平，厚，背部顶端下方有一弯曲的钩状尖头，中间两对种鳞倒卵形或椭圆形，鳞背顶端的下方有一向外弯曲的尖头，上部 1 对种鳞窄长，近柱状，顶端有向上的尖头，下部 1 对种鳞极小，长达 13 毫米，稀退化而不显著。花期 3~4 月，球果 10 月成熟。

球果

树皮

分布范围

产于内蒙古南部、吉林、辽宁、河北、山西、山东、江苏、浙江、福建、安徽、江西、河南、陕西、甘肃、四川、云南、贵州、湖北、湖南、广东北部及广西北部等省份。生于海拔150~3300米的平原、丘陵、山地。河北兴隆、山西太行山区、陕西秦岭以北渭河流域及云南澜沧江流域山谷中有天然林分布。朝鲜也有分布。

生态习性

喜光，幼时稍耐阴，适应性强，喜生于湿润肥沃且排水良好的钙质土壤。耐寒、耐旱、抗盐碱；抗烟尘，抗二氧化硫、氯化氢等有害气体；浅根性，但侧根发达，萌芽力强、耐修剪，寿命长。

主要用途

侧柏树形挺拔，冠型优美，叶片青绿，观赏性强，在园林绿化中有着不可或缺的地位。侧柏常用于园中造景，也用于道路庇荫或作绿篱，也可植于花坛中心，装饰建筑、雕塑、假山石及对植入口两侧；也是石灰岩山地优选的造林树种。

木材淡黄褐色，富树脂，材质细密，纹理斜行，耐腐，坚实耐用，可供建筑、器具、家具、农具等用材。叶和枝也可入药，具有收敛止血、利尿健胃、解毒散瘀的作用。民间还用树叶煮水洗头，可使头发乌黑亮丽、柔顺光滑；叶晒干粉碎成沫可制香。

树木文化

侧柏是我国应用最广泛的绿化树种之一，自古以来就常栽植于寺庙、陵墓和庭园中，如北京天坛大片的侧柏和圆柏与皇穹宇、祈年殿的汉白玉栏杆以及青砖石路形成强烈的烘托，营造出肃静清幽的气氛。而祈年殿、皇穹宇及天桥等在建筑形式上、色彩上与柏墙相互呼应，巧妙地表达了"大地与天通灵"的主题。侧柏是柏的一种，文化内涵极其丰富，时常出现在文人笔下。南北朝诗人萧衍的《子夜四时歌·冬歌》中"果欲结金兰，但看松柏林。经霜不堕地，岁寒无异心"，写出了松柏历尽磨难而秉性不移的品格，借此比喻坚贞不渝的友谊。鲍照在《松柏篇并序》中说："松柏受命独，代长不衰。"唐代诗人李德裕在《春暮思平泉杂咏二十首·柏》中写道："闻有三株树，惟应秘阆风；珊瑚不生叶，朱草又无丛；未若凌云柏，常能终岁红；晨霞与落日，相照在岩中。"宋代诗人苏辙在《服茯苓赋叙》中写道："寒暑不能移，岁月不能败者，惟松柏为然。"越是在寒风刺骨的深冬，越能感受到侧柏的风骨。它们顶风冒雪，枝叶苍劲，从不因为环境的严酷而动摇。

在民俗观念中，柏的谐音"百"，是吉利的数字，寓意百事顺利，同时还有刚直不阿、万古长青之意。乔迁新居、过春节、办喜事时，常选用侧柏作为绿植，寓意热闹喜庆、健康长寿、百年好合。

保护现状

世界自然保护联盟濒危物种红色名录（IUCN 红色名录）：无危（LC）。

百木汇成林　树王聚金陵

金陵树王

龙柏

龙柏树王位于南京市玄武区中山陵"天下为公"陵门旁（N 32°03′51″、E 118°50′56″）。胸径 54 厘米，树高 10 米，冠幅 12 米，多分枝；树龄 105 年，健康状况良好。龙柏精神寄托着国人坚贞不屈、豁达向上的品格，中山陵中的龙柏树王更是对孙中山先生的礼赞和崇敬。

龙柏

学名 *Sabina chinensis* 'Kaizuca'

别名 龙爪柏

科属 柏科（Cupressaceae）圆柏属（*Sabina*）

形态特征

龙柏是圆柏的人工栽培变种。常绿乔木，树高可达 8 米，树形呈圆柱状。枝条向上直展，常有扭转上升之势，好像盘龙姿态，故名"龙柏"；小枝略扭曲上伸，小枝密，在枝端呈几相等长密簇状。全为鳞叶，叶密生，幼叶淡黄绿色，后呈翠绿色。球果蓝黑色，果面略具白粉。

分布范围

产于内蒙古乌拉山、河北、山西、山东、江苏、浙江、福建、安徽、江西、河南、陕西南部、甘肃南部、四川、湖北西部、湖南、贵州、广东、广西北部及云南等地。

生态习性

喜光，稍耐阴，喜温暖湿润环境；抗寒、抗旱，较耐盐碱；忌积水，排水不良时易产生落叶或生长不良。适生于干燥、肥沃、深厚的土壤，对土壤酸碱度适应性强，对二氧化硫和氯气抗性强，但对烟尘的抗性较差。

果

枝叶

树王

主要用途

    龙柏枝叶碧绿、青翠、油亮，树形优美；侧枝扭曲螺旋状向上抱干，观赏价值极高，全国各地广为栽培。多被种植于庭园、公园和公路中央隔离带，也可作高绿篱种植。龙柏亦宜蟠扎造型，如成龙、马、狮、象等动物形象，或修剪成圆球形、鼓形、半球形，单植或列植、群植于庭园。

树木文化

    自古以来，中国人对松柏充满别样情感。唐代贯休在《春送僧》中就曾以"不能更折江头柳，自有青青松柏心"来表白松柏。龙柏形似盘龙，造型别具一格，作为中国传统精神寄托的载体，每每提及都让人赞叹不已。东汉班固《白虎通·崩薨》记载："天子坟高三仞，树以松；诸侯半之，树以柏。"古人礼制中，柏树是一种表示身份和敬意的树。在南京菊花台公园里，龙柏守护着前驻外使节九烈士墓，苍翠婆娑，万古亦长青。菊花台上苍翠繁茂的龙柏，既象征着烈士轻生死、重大义的气节，也寄托了人们的殷殷敬意和拳拳思念。"仰观，见虬枝劲峭，针叶如鳞片，如铁刺，傲然而立；俯察，露根如蟠龙，纠缠交错，扣紧土地，不弃不离。"龙是祥瑞的代表，龙柏宛若蟠龙的姿态，更加持了祥瑞之意。龙柏寿命很长，见证了一代代人的繁衍生息，寓意着健康长寿，因此受到祖祖辈辈中国人的追捧。

保护现状

世界自然保护联盟濒危物种红色名录（IUCN 红色名录）：未予评估（NE）。

树皮

百木汇成林　树王聚金陵

金陵树王

广玉兰

广玉兰树王位于南京市鼓楼区中山北路 346 号（N 32°5′20″、E 118°44′45″）。胸径 99 厘米，树高 7 米，冠幅 5 米；树龄约 130 年，健康状况良好。中山北路 346 号曾是江南水师学堂，也是国民政府海军部旧址，始建于清光绪十六年（1890 年），是清政府在洋务运动中开办的军事学校，是中国海军人才的摇篮，大文豪鲁迅先生也曾在此短暂求学。广玉兰最早由美国引种至广州而获名，水师学堂创始时，在第三进房间两边种植了两株广玉兰，现今两株树木已长成参天大树，冠盖如伞，犹如站立的海军仪仗兵，其中东侧一株便是广玉兰树王了。"师夷长技以自强"恰是清代洋务运动的口号，学习西方，寻求自强，曾帅（曾国荃）当年在学堂种植外来树种广玉兰是否也有此寓意呢？

广玉兰

学名　*Magnolia grandiflora* L.
别名　荷花玉兰、洋玉兰、荷花木兰
科属　木兰科（Magnoliaceae）木兰属（*Magnolia*）

形态特征

　　常绿乔木，原产地高可达 30 米。树皮淡褐色或灰色，薄鳞片状开裂。小枝粗壮。叶面深绿色，有光泽，厚革质，椭圆形、长圆状椭圆形或倒卵状椭圆形，先端钝或短钝尖，基部楔形；叶柄长 1.5~4 厘米，无托叶痕，具深沟。花白色，有芳香，直径 15~20 厘米；花被片 9~12，厚肉质，倒卵形；雄蕊花丝紫色，扁平；雌蕊群椭圆形，密被长茸毛；心皮卵形，花柱呈卷曲状。聚合果圆柱状长圆形或卵圆形，长 7~10 厘米，径 4~5 厘米，密被褐色或淡灰黄色茸毛。种子近卵圆形或卵形，长约 14 毫米，径约 6 毫米，外种皮红色。花期 5~6 月，果期 9~10 月。

叶

种子

花

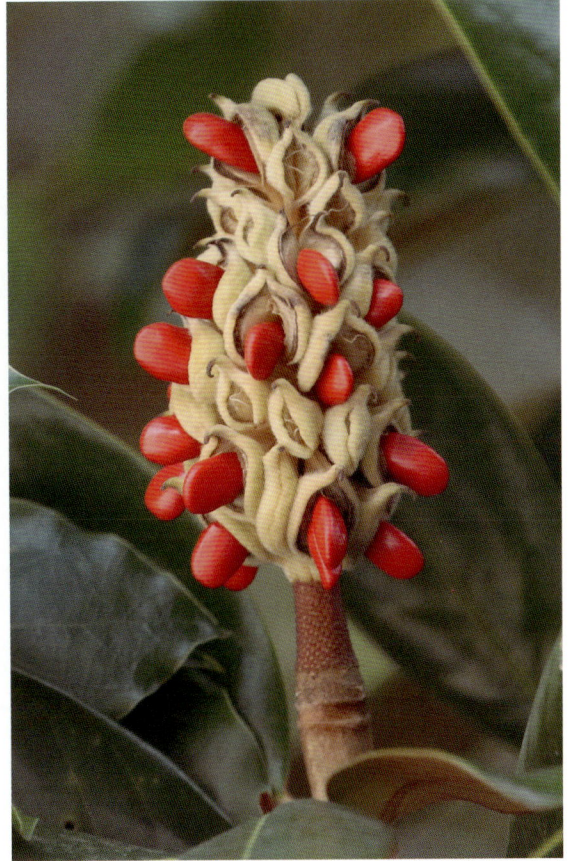

聚合果

分布范围

原产北美洲东南部，我国长江流域以南引种栽培，现北京、兰州、济南等地均有引种栽培。

生态习性

喜光，幼时稍耐阴；喜温暖湿润气候，有一定耐寒能力；适生于湿润肥沃土壤，不耐碱土；耐烟尘，对二氧化硫、氯气、氟化氢等有害气体抗性较强。

主要用途

树姿雄伟壮丽，叶大荫浓，花似荷花，芳香馥郁，为美丽的庭园观赏树种，宜孤植、丛植或列植。材质坚重，可供装饰用；干燥花蕾和树皮具有祛风散寒、行气止痛的功效；叶可入药治疗高血压。

树木文化

广玉兰的原产地是大洋彼岸的北美洲东南部，直到清朝末年才被引入中国。相传，当年中法战争时，淮军将士奋勇当先、克敌制胜，取得赫赫战功，扬了国威。战后论功行赏之时，慈禧太后便将特使带来的108棵广玉兰赐给淮军，广玉兰也就落户淮军老家合肥。广玉兰树姿雄伟，花朵冰清玉洁，芳气扑鼻。从夏初的5月到仲夏6月花开不断，蓄起淡青色花苞，绽放出不染纤尘、优雅舒展的白色花朵，与暗绿色的树叶交相映衬，形色俱佳，别有一番若荷凌波的样子，不免招人喜爱。广玉兰也有"荷花玉兰"之名，被誉为"陆地莲花"。诗人、作家多有歌咏广玉兰的佳篇，如陈静的《咏广玉兰》："沐雨临风树上生，不随世俗着红裙。淡淡幽香沁肺腑，令人仰慕亦销魂。"谢光兴《咏广玉兰》："四季青葱着翠装，英姿飒爽立路旁。披星沐雨临仙骨，朵朵白花吐雅香。"祝锐曰："如玉生辉尘不染，娇嗔难叙赞嘉言。高洁芬馥赖天眷，月夜交融入梦甜。"胥青山《广玉兰花》曰："高树繁枝掩玉花，清丽皎洁白无瑕。苞尖鼓裂瓣如碗，雅馥弥漫日暮斜。"现代作家陈荒煤在作品中写道："广玉兰的叶片富有光泽，好像涂了层蜡，再配上有着铁锈色短柔毛的叶背和那微呈波状的边缘，使人觉得另有一番情趣。密集油亮的绿叶终年不败，始终透着生气，透着活泼。有了它的衬

树皮

托，玉兰花便显得格外皎洁，格外清丽。秋冬时节，许多树的叶子凋落了，唯有广玉兰披着一身绿叶，与松柏为伍，装点着自然。"可见，广玉兰不仅有挺拔伟岸的身躯、欣欣向荣的枝叶、冰肌玉骨的花朵，还有顽强生长、不畏严寒的品格。

广玉兰花清雅秀丽，芳香馥郁怡人。自引入中国以来，好客的中国人民赋予了她许多美好的寓意：美丽、高洁、芬芳、纯洁。如今，广玉兰还是安徽省合肥市、江苏省常州市、浙江省余姚市的市树。

保护现状

世界自然保护联盟濒危物种红色名录（IUCN 红色名录）：未予评估（NE）。

百木汇成林　树王聚金陵

金陵树王

北美鹅掌楸

北美鹅掌楸树王位于南京市玄武区明孝陵文武方门内（N 32°3′25″、E 118°50′2″）。胸径 118 厘米，树高 27 米，冠幅 18 米，枝下高 7 米；20 世纪 30 年代引种，健康状况良好。树王还是杂交马褂木育种亲本（父本）之一，南京林业大学三代育种专家一直以树王为杂交父本，开展杂交马褂木育种工作。他漂洋过海而来扎根金陵城，与中国马褂木育出的杂种，表现出"青出于蓝而胜于蓝"的杂种优势。每逢花季，树王绽放，预示着新一轮繁衍即将开始，树王就这样年复一年地奉献着。

北美鹅掌楸

学名 *Liriodendron tulipifera* L.

别名 北美马褂木、美国白杨、金丝白木

科属 木兰科（Magnoliaceae）鹅掌楸属（*Liriodendron*）

形态特征

落叶高大乔木，原产地高可达 60 米，胸径可达 3.5 米；南京栽植高达 20 米，胸径超过 50 厘米。树皮深纵裂。小枝褐色或紫褐色，常带白粉。因叶形如鹅掌而得名，叶片长 7~12 厘米，近基部每边具 2 侧裂片，先端 2 浅裂，幼叶背被白色细毛，后脱落无毛，叶柄长 5~10 厘米。花杯状，形似郁金香，单生于枝顶，花被片 9，外轮 3 片绿色，萼片状，向外弯垂，内两轮 6 片，灰绿色，直立，花瓣状、卵形，长 4~6 厘米，近基部有一不规则的黄色带；花药长 15~25 毫米，花丝长 10~15 毫米，雌蕊群黄绿色，花期时不超出花被片之上。聚合果长约 7 厘米、具翅的小坚果淡褐色，顶端急尖、下部的小坚果常宿存过冬。花期 5 月，果期 9~10 月。

秋叶

花与花苞

聚合果

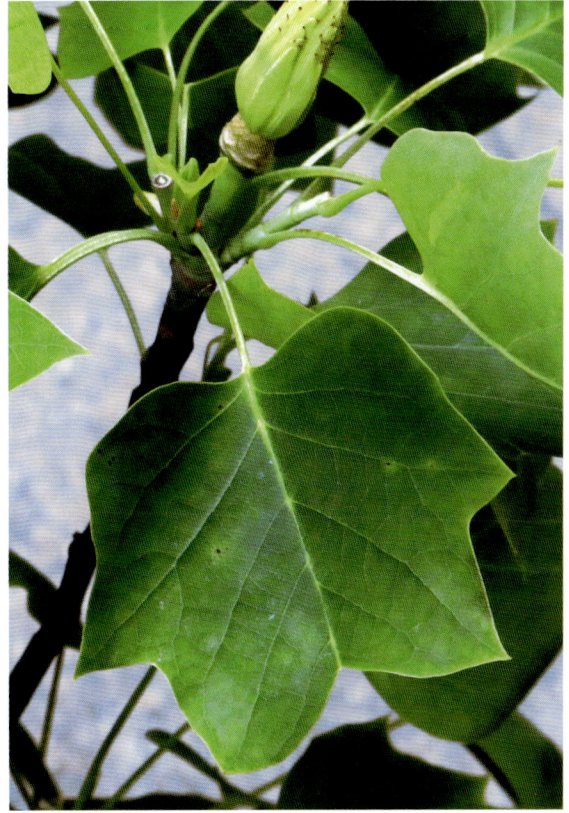
叶

分布范围

原产于北美东南部，美国东部广泛分布。我国青岛、庐山、南京、广州、昆明等地有栽培。

生态习性

强喜光树种，耐寒，喜温暖湿润气候及深厚肥沃的酸性土壤，但不耐贫瘠，忌积水。

主要用途

北美鹅掌楸树冠呈椭圆形，树干通直耸立，叶宽大型如鹅掌，入秋时叶为金黄色，璀璨夺目，可作行道树、庭荫树种，适宜列植、片植或孤植于草坪、公园；对有害气体的抗性较强，也是工矿区绿化的优良树种之一。材质优良，淡黄褐色，纹理平滑细腻美观，切削性光滑，易加工，不易开裂，为船舱、火车内部装修及室内高级家具用材；也是美国重要先锋树种、用材树种之一。

树木文化

鹅掌楸属树种曾广布于北半球温带地区，在日本、格陵兰、意大利和法国的白垩纪地层中均有发现鹅掌楸属植物化石，到新生代第三纪本属尚有 10 余种，到第四纪冰期大部分灭绝，现仅存鹅掌楸和北美鹅掌楸两种，成为东亚与北美洲际间断分布的典型实例。17 世纪，北美鹅掌楸被引种到英国，其黄色花朵形似杯状，与郁金香相似，故欧洲人称之为"郁金香树"。20 世纪 30 年代，北美鹅掌楸在我国南京、昆明和上海等地引种栽植。20 世纪 60 年代，南京林业大学著名树木育种学家叶培忠教授以鹅掌楸和北美鹅掌楸进行正反交人工杂交育种，成功获得了 F_1 代杂交鹅掌楸。杂交鹅掌楸生长势优于亲本，杂种抗寒性、抗热性较强，花朵也更加明艳动人，曾作为 2008 年北京奥运会的指定绿化树种。20 世纪 90 年代后期，南京林业大学施季森教授团队再次开展杂交、选育及规模化推广工作，选育出材用型良种'南林 - 金森 E1 号'，在福建、重庆、四川等地国家储备林建设中推广上千万株；还选育出四倍体新品种'司金香'、花色艳丽且树形优美的观赏新品种'金盏 1 号'和'金盏 2 号'以及树体矮小且多季节开花的新品种'幽兰四季'等。这些生命力顽强、观赏价值高的新品种，凝结着专家学者们的良苦用心和夜以继日的努力。

北美鹅掌楸树形端正雄伟，叶形奇特典雅，花大而美丽，为世界珍贵树种之一。每逢冬芽绽放，绿叶渐渐盖满树冠，呈现一片生机，仿佛要把所有的生命气息痛快地倾泻泼洒于春夏之间。北美鹅掌楸花呈杯状，黄绿色花被片带有橙色斑纹，特别惹人喜爱。当代文学爱好者孙永济诗集《鹅掌楸花》中曰："有花酷似郁金香，长在楸枝喷异芳。"《七言·鹅掌楸》（现·木子）曰："鹅掌楸花似宝莲，居高临下照桑田。树高托举千灯晃，叶茂遮风万缕绵。还像花篮装翡翠，又如茶杯立青莲。恍惚一梦来仙子，临驾芯中舞蹁跹。"极言北美鹅掌楸花明艳、清丽的风姿和沁人心脾的馨香。

北美鹅掌楸寓意承诺与信用。

保护现状

世界自然保护联盟濒危物种红色名录（IUCN 红色名录）：未予评估 (NE)。

树皮

百木汇成林　树王聚金陵

金陵树王

蜡梅

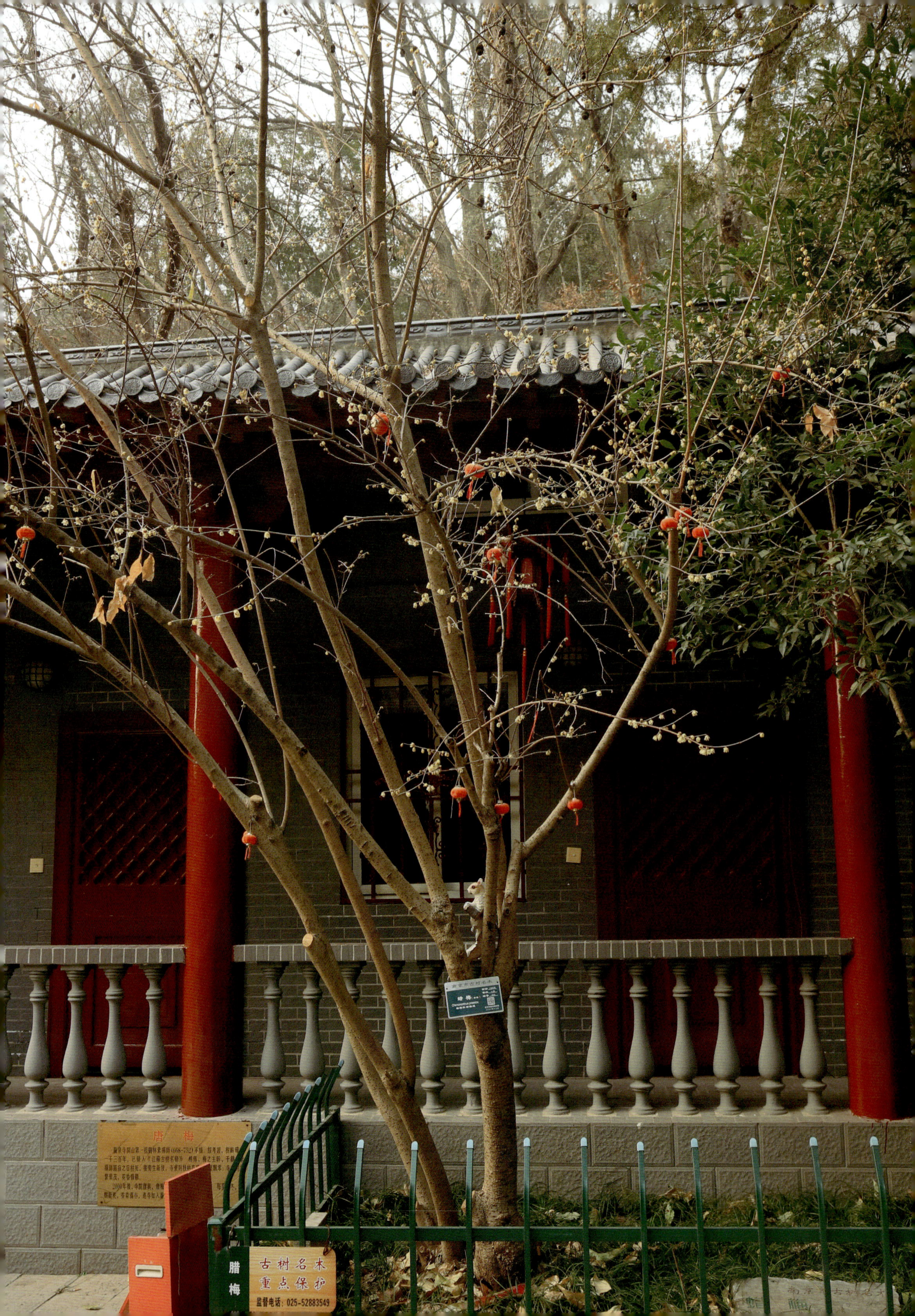
唐 梅
腊梅
古树名木
重点保护
监督电话：025-52883549

蜡梅树王位于南京市雨花台区铁心桥街道龙泉寺（N 31°55′26″、E 118°44′50″）。三大分枝，胸径分别为 13 厘米、7 厘米、9 厘米，树高 6 米，冠幅 7 米；树龄约 1280 年，健康状况良好。古龙泉寺地处牛首山、韩府山交汇谷地，始建于唐朝开元年间，距今已有 1300 多年的历史，清乾隆帝赞誉"古佛道场，幽静之所也"。唐朝鹤林玄素禅师在此建刹讲经，石头中流出清泉名曰"龙泉"，寺庙因此得名"龙泉寺"。蜡梅树王相传为鹤林素禅师手植，可谓"唐梅"。树通灵性，禅师圆寂之日枯死，后又萌发新枝。传说此树颇为神奇，寺兴则枝繁叶茂，花香浓郁；寺衰则落叶飘零，枝枯花残。过往兴替，梅发梅枯，却了不断与佛之缘，2000 年以后寺院复兴，老蜡梅又再次萌发出新枝！

蜡梅

学名 *Chimonanthus praecox* (L.) Link
别名 腊梅、黄梅花、黄金茶、石凉茶、瓦乌柴、麻木柴
科属 蜡梅科（Calycanthaceae）蜡梅属（*Chimonanthus*）

形态特征

落叶灌木，高达 4 米。幼枝四方形，老枝近圆柱形，灰褐色，无毛或被疏微毛，有皮孔。鳞芽通常着生于第二年生的枝条叶腋内，芽鳞片近圆形，覆瓦状排列，外面被短柔毛。叶纸质至近革质，卵圆形、椭圆形、宽椭圆形至卵状椭圆形，有时长圆状披针形，长 5~25 厘米，宽 2~8 厘米，顶端急尖至渐尖，有时具尾尖，基部急尖至圆形，叶背脉上被疏微毛。花着生于第二年生枝条叶腋内，先花后叶，芳香，直径 2~4 厘米；花被片圆形、长圆形、倒卵形、椭圆形或匙形，长 5~20 毫米，宽 5~15 毫米，无毛，内部花被片比外部花被片短，基部有爪。果托近木质化，坛状或倒卵状椭圆形，长 2~5 厘米，直径 1~2.5 厘米，口部收缩，并具有钻状披针形的被毛附生物。花期 11 月至翌年 3 月，果期 4~11 月。

叶

花

花

花

果

分布范围

自然分布于山东、江苏、安徽、浙江、福建、江西、湖南、湖北、河南、陕西、四川、贵州、云南等省份，生于山地林中。广西、广东等省份均有栽培。日本、朝鲜、欧洲、美洲均有引种。

生态习性

喜光，稍耐阴，根系发达；喜土层深厚、肥沃、疏松、排水良好的中性或微酸性砂质壤土，忌黏土和盐碱土；耐旱性较强，不耐水淹，不宜在低洼地栽培；怕风，较耐寒，在不低于 –15℃时能安全越冬，花期遇 –10℃低温时易受冻害；抗病虫害和空气污染能力特强。

主要用途

蜡梅冬季开花，花朵美丽，花香怡人，是冬季赏花的理想花木。适作古桩盆景和插花与造型艺术，可以在城镇乡村街道、房前屋后、路边、公园、小区、工厂、绿地等栽植。根、叶可药用，具有理气止痛、散寒解毒的功效，可治跌打、腰痛、风湿麻木、风寒感冒及刀伤出血；花解暑生津，治心烦口渴、气郁胸闷；花蕾油治烫伤。

树木文化

蜡梅是中国传统名花，在我国已有千余年栽培和观赏历史。宋朝黄庭坚《戏咏蜡梅两首》称赞曰："金蓓锁春寒，恼人春未展。虽无桃李艳，风味极不浅""体薰山麝脐，色染蔷薇露。披拂不满襟，时有暗香度"，把蜡梅凌寒开放的雅姿、细枝绽香的树形、浅黄明丽的花色、沁人心脾的花香描绘得惟妙惟肖。"寒月庭除，亦不可无"，严寒冬季百花凋零，蜡梅却隆冬绽蕾，是冬日里不可多得的一抹亮丽风景。

蜡梅斗寒傲霜，蕴含着中华民族永不屈服、傲骨铮铮、高风亮节的品格。宋朝唐仲友诗曰："凌寒不独早梅芳，玉艳更为一样妆。懒着霓裳贪野服，自然仙骨有天香。轻明最是宜风日，冷淡从来傲雪霜。欲识清奇无尽处，中间深佩紫罗囊"，展现了蜡梅不在意外表、淡泊洒脱而又坚韧的精神。宋朝韩元吉的"风流一样香仍好，共趁春前腊后开"等诗句，描写了蜡梅犹如品格高洁之士，即使遭遇坎坷也绝不媚俗的高风亮节。清朝李渔在《闲情偶记》中写道"然而有此令德，亦乐与联宗"，认为蜡梅和梅花一样具有傲雪凌霜、坚毅高洁的品质。

蜡梅花香芬芳馥郁、暗香幽远，文人借此表达悠长的思念之情。张鎡的"故人堪寄，折枝代取，江南春信"中，把蜡梅比作故人遥寄的报春书信，字里行间流露出深深的思念之情。"窗下和香封远讯，墙头飞玉怨邻箫""生香远带风峭""远信难封，吴云雁杳"等是诗人吴文英借蜡梅寄托思念之作。天然的蜡是蜂巢熬制，也叫蜂蜡，颜色金黄，蜡梅花色与其相似。古时以蜡封信，蜡梅之名便让人联想到"远讯"。喻陟在《蜡梅香》中写道："问陇头人，音容万里。待凭谁寄。"李鹰《次韵秦少章蜡梅》中有"故人未寄岭头信，先报江南春意来。"张孝祥《蜡梅》里写道"遥怜未识春消息，乞与一枝教断肠"。"远讯"承载着牵挂与思念，蜡梅也不由得染上了缱绻苦涩的思念之味。

蜡梅还具有一定的宗教色彩。一些文人把蜡梅与佛教所言的禅意联系到了一起。苏轼曰："天工点酥作梅花，此有蜡梅禅老家。"宋朝张镃在《病起见瓶中蜡梅偶书》中曰："此机亦似维摩老，何曾真难文殊倒。从兹不病是谈禅，命花却为金色仙。"此外，在《郑侍郎送蜡梅次韵三首》里也有"欲向都官论一字，略无佳处似诗僧""香气恼人眠不着，若为学得定中僧""枉沐歌词无用处，维摩诘是在家僧"等表述。近代郭沫若把蜡梅花瓣飘落比作片片黄金鳞："疑是浮屠丈六身，风飘片片黄金鳞。"

蜡梅的凌寒之气魄、疏朗之风韵、蜡黄之色彩、清雅之芬芳，获得了无数文人雅士的赞赏。蜡梅寓意独立、坚毅、刚强、忠实、忠贞、高洁，象征着忠诚美好的品格和高风亮节的气度。

保护现状

世界自然保护联盟濒危物种红色名录（IUCN 红色名录）：无危（LC）。

百木汇成林　树王聚金陵

金陵树王

珊瑚朴

珊瑚朴树王位于南京市玄武区灵谷寺景区松风阁东侧（N 32°3′32″、E 118°51′45″）。胸径 110 厘米，高度 29 米，冠幅 25 米，枝下高 12 米；树龄约 107 年，健康状况良好。与同属兄弟朴树相比，珊瑚朴树干通直，树皮灰白，易于辨识。灵谷寺的珊瑚朴王身躯高大，高耸入云，足显王者气概。

珊瑚朴

学名 *Celtis julianae* Schneid.

别名 棠壳子树、黄果树

科属 榆科（Ulmaceae）朴属（*Celtis*）

形态特征

　　落叶乔木，高达 30 米，树皮淡灰色至深灰色。当年生小枝、叶柄、果柄老后深褐色，密生褐黄色茸毛，去年生小枝色更深，毛常脱净，毛孔不十分明显。冬芽褐棕色，内鳞片有红棕柔毛。叶厚纸质，宽卵形至尖卵状椭圆形，长 6~12 厘米，宽 3.5~8 厘米，基部近圆形或两侧稍不对称，一侧圆形，一侧宽楔形，先端具突然收缩的短渐尖至尾尖，叶面粗糙至稍粗糙，叶背密生短柔毛，近全缘至上部以上具浅钝齿；叶柄长 7~15 毫米，较粗壮；萌发枝上的叶面具短糙毛，叶背在短柔毛中也夹有短糙毛。花序红褐色，状如珊瑚。果单生叶腋，果梗粗壮，长 1~3 厘米，果椭圆形至近球形，长 10~12 毫米，金黄色至橙黄色。核乳白色，倒卵形至倒宽卵形，长 7~9 毫米，上部有 2 条较明显的肋，两侧或仅下部稍压扁，基部尖至略钝，表面略有网孔状凹陷。花期 3~4 月，果期 9~10 月。

叶正面

叶背面

树皮

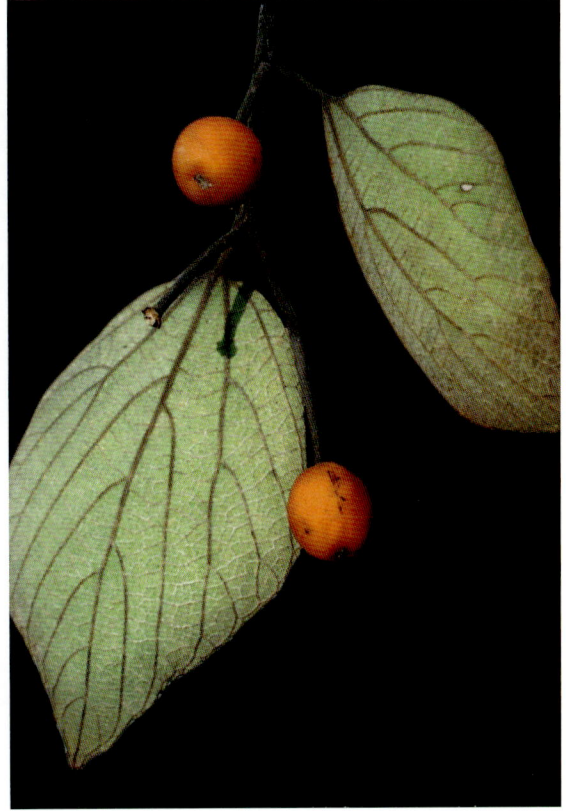
果实

分布范围

分布于四川北部和重庆金佛山、贵州、湖南西北部、广东北部、福建、江西、浙江、安徽南部、河南西部和南部、湖北西部、陕西南部；生长在海拔 300~1300 米的山坡或山谷林中或林缘。

生态习性

喜光稍耐阴，喜温暖气候及肥沃湿润的土壤，适应能力非常强；耐寒、耐干旱和瘠薄，耐水湿、根系较深，抗风力强，抗盐碱，在微酸性、中性及石灰性土壤中均能生长；具有抗烟尘及有害气体的能力，病虫危害较少，寿命长。

主要用途

树高干直，树冠宽广，树姿雄伟、优美，观赏价值高，是优良的造林和园林绿化树种，宜作庭荫树、行道树及工厂绿化。木材硬度适中，纹理直，防潮性、防腐性极强，可供制造家具、农具、建筑等。树皮含纤维，是人造棉、造纸等原料；果核可榨油，供制皂、润滑油用。

树木文化

珊瑚朴主干通直，高大挺拔，树冠婆娑，枝叶浓郁，树姿优美，尤为壮观。无论近观还是远望都极为震撼，正如明朝诗人张羽《古朴树歌》所述："山前古木不知年，婆娑黛色上参天。霜柯反足斗龙虎，偃盖倒影鸣蜩蝉。"珊瑚朴与朴树、黑弹树（小叶朴）为同属物种，但自然分布没有朴树广泛。其灰白的树皮、挺拔的树干彰显其与众不同。珊瑚朴古树在山村、路旁都比较常见。汉中定军山武侯墓就有一棵参天耸立的珊瑚朴，形态古雅，潇洒自若、别致，相传是诸葛亮妻子黄阿丑化作这棵树，为心爱的丈夫诸葛亮遮风挡雨。黔北一处著名的红军纪念地苟坝村里，当年红军的住址有"一树二井"之说，"一树"即为"珊瑚朴"，是一棵 400 余年树龄的古树。这棵古树碧翠挺拔，枝繁叶茂，树下正是红军平日休闲的地方。

珊瑚朴因花酷似珊瑚而得名，水中的珊瑚光彩四溢，树上的"珊瑚"也明艳夺目。珊瑚朴的花为红褐色，像红霞一般热烈而美丽，故珊瑚朴也有许多吉祥美好的寓意。比如，千百年来无数中华儿女拥有的优秀品质代代传承，一株株珊瑚朴也承载着父母对儿女能够成为栋梁之材、拥有美好未来的期望。珊瑚朴还寓意婚姻幸福美满、子孙满堂、家庭兴旺和自强不息。

保护现状

世界自然保护联盟濒危物种红色名录（IUCN 红色名录）：无危（LC）。

百木汇成林　树王聚金陵

金陵树王

构

构树王位于南京市玄武区红山路 161 号碧玉苑小区东门处（N32°6′8.424″、E118°48′49.788″）。胸径 70 厘米，树高 12 米，冠幅 10 米，枝下高 3.5 米；树龄约 60 年，健康状况良好。说起构树，大家心里总是感觉这种树长得杂乱无章，有点像"土匪树"，但构树王看上去却截然不同，挺拔苍劲，枝繁叶茂，夏秋果实成熟时，引来无数鸟类取食。树王生长在路边，非人为种植，应为鸟所传播，在闹市里生长几十年，苍劲挺拔，着实不易。

构

学名　*Broussonetia papyrifera* (L.) L'Hér. ex Vent.

别名　构桃树、楮树、楮实子、沙纸树、谷木、构乳树、假杨梅、谷浆树

科属　桑科（Moraceae）构属（*Broussonetia*）

形态特征

落叶乔木或灌木状植物，高 10~20 米。树皮暗灰色。小枝密生柔毛。叶螺旋状排列，广卵形至长椭圆状卵形，长 6~18 厘米，宽 5~9 厘米，先端渐尖，基部心形，两侧常不相等，边缘具粗锯齿，不分裂或 3~5 裂，小树的叶常有明显分裂，表面粗糙，疏生糙毛，背面密被茸毛，基生三出叶脉，侧脉 6~7 对；叶柄长 2.5~8 厘米，密被糙毛；托叶大，卵形，狭渐尖，长 1.5~2 厘米，宽 0.8~1 厘米。雌雄异株；雄花序为柔荑花序，粗壮，长 3~8 厘米，苞片披针形，被毛，花被 4 裂，裂片三角状卵形，被毛，雄蕊 4，花药近球形；雌花序球形头状，苞片棍棒状，顶端被毛，花被管状，顶端与花柱紧贴，子房卵圆形，柱头线形，被毛。聚花果直径 1.5~3 厘米，成熟时橙红色，肉质；瘦果具与其等长的柄，表面有小瘤，龙骨双层，外果皮壳质。花期 4~5 月，果期 6~7 月。

叶

果实

树皮

柔荑花序

分布范围

产于我国南北各地。印度、缅甸、泰国、越南、马来西亚、日本、朝鲜等国家也有野生或栽培。

生态习性

喜光、喜热，适应性强；耐干旱瘠薄、耐水湿、耐盐碱，病虫害少；抗污染能力强，适应我国南北方气候。种子靠鸟传播，自然更新能力强。

主要用途

构繁殖与萌蘖力强，生长速度快，侧根发达，能较好地保护水土，可用于荒坡、河岸及瘠薄土地绿化，常为造林先锋树种。对二氧化硫、氯气等有害气体具有较强的抗性，能吸附尘霾，减轻空气污染，改善生态环境。构生物量高、营养物质丰富，其叶粗蛋白含量在18%以上，富含多种生物活性成分，具有提升畜禽机体免疫力和品质的功能，可作为重点非粮蛋白饲料资源开发利用，已被农业农村部纳入饲料原料目录。树皮纤维素含量高，纤维较长，纤维形态佳，易成浆，具有较高的制浆率，可做造纸原料；乳液、树皮、叶及果实和种子均可入药，雄花序、嫩叶可食。

树木文化

构在《诗经》里被称为"谷桑"，《救荒本草》里称之为"褚桃"，《诗经·小雅·鹤鸣》

中称之为"榖"，自然分布于我国大部分地区，为典型的乡土树种和先锋造林树种，而且具有生长快、冠大荫浓的优良特性。人们对构并不陌生，3000多年前人类祖先就有对构开发利用的记载。在人类文明诞生之初，构树皮就被用来制作树皮衣，为人们御寒保暖。宋朝诗人刘克庄的《楮树》中写道："楮树婆娑覆小斋，更无日影午窗开。"宋朝张耒的《满庭芳·裂楮裁筠》记载："裂楮裁筠，虚明潇洒，制成方丈屠苏。草团蒲坐，中置一山炉。"构虽不是栋梁之木，但是用途却十分广泛，可以造纸、入药、染绘、洗脸、食用等。

构树皮纤维洁白，细长而柔软，是造纸的优等材料。公元105年蔡伦发明造纸术时，构树皮就是造纸的一种原料。北宋时期，世界历史上诞生了第一张纸币，这张纸币就是用构皮纸制作的。2009年，"构树皮造纸工艺"入选四川省非物质文化遗产名录。在云南西双版纳，丹寨石桥古法造纸技艺及傣族构皮手工造纸被纳入首批国家非物质文化遗产名录。构树纸纤维丰富，纸质厚实，韧性十足，防虫蛀，透气性强，且绿色环保无污染，因而也被用于普洱茶的包装，有利于茶叶的陈化与保存。构皮纸还与佛教文化渊源。北京图书馆收藏的《仁王护国般若波罗蜜经》、敦煌千佛洞土地庙出土的《大悲如来告疏》以及唐朝开元六年道教经书《无上秘要》均是用构皮纸书写而成。一张张一页页，因劳动人民的智慧而诞生，在历史的长河中传承着丰厚的文化内涵，传播着宗教大彻大悟的精髓。

构雄花序和嫩叶营养丰富、味道鲜美，自古以来就是餐桌上的佳肴。《本草纲目》中记载有"歉年人采花食之……雌者皮白而叶有丫叉，亦开碎花，结实如杨梅，半熟时水澡去子，蜜煎作果食……"，说明构叶、花、果均可食用。在民间，每当构发叶、花开时，人们便采摘嫩叶或未开花的雄花序，择洗干净，拌上面粉，大火蒸几分钟，撒上盐和芝麻油，便是一道佳肴。叶片除了可直接食用外，还可用其饲养各种家禽家畜。喂饲构叶的禽畜，其肉喷香、嫩滑、细嫩、鲜美，食之具有一定的医疗保健功效。

"水闲久了，必定有鱼；地闲久了，就要长树。"构种子传播和竞争能力强，一块地荒废一两年，构就一棵棵长出来，甚至"泛滥成灾"，农民称之为"本土入侵物种"。构一旦侵入，杀不灭，挖不绝。虽然构让很多人厌恶，甚至被称为是"妖孽"的恶树，但构可是实打实的全身都是"宝"，因此人们赋予构许多美好寓意：吉祥、如意、顽强，象征着子孙富贵发达、老人健康长寿等。

保护现状
世界自然保护联盟濒危物种红色名录（IUCN 红色名录）：无危（LC）。

百木汇成林　树王聚金陵

金陵树王

栗

栗树王位于南京市玄武区明孝陵东侧围墙旁（N 32°3′34″、E 118°50′5″）。胸径 74 厘米，树高 12 米，冠幅 10 米，枝下高 5 米；树龄 105 年，健康状况良好。栗树王已至暮年，但仍郁郁葱葱，满树繁花如银串，颗颗饱满栗香甜。

栗

学名 *Castanea mollissima* Blume
别名 板栗、栗子、毛栗、油栗
科属 壳斗科（Fagaceae）栗属（*Castanea*）

形态特征

乔木，高 15~20 米，胸径可达 80 厘米。树皮深灰色，不规则深纵裂。枝条灰褐色，有纵沟，幼枝被灰褐色茸毛。冬芽短，长约 5 毫米，阔卵形，被茸毛。单叶互生；叶柄长 0.5~2 厘米，被细茸毛或近无毛；叶长椭圆形或长椭圆状披针形，长 8~18 厘米，宽 5.5~7 厘米，先端渐尖或短尖，基部圆形或宽楔形，两侧不相等，常一侧偏斜而不对称，新生叶的基部常狭楔尖且两侧对称，叶缘有锯齿，齿端具芒状尖头，上面深绿色，有光泽，羽状侧脉 10~17 对，中脉上有茸毛。花单性，雌雄同株；雄花序穗状，生于新枝下部的叶腋，长 9~20 厘米，被茸毛，淡黄褐色，雄花着生于花序上、中部，每簇具花 3~5 朵，雄蕊 8~10 枚；雌花无梗，常生于雄花序下部，外有壳斗状总苞，2~3（5）朵生于总苞内，子房下位，花柱下部被毛。壳斗连刺直径 4~6.5 厘米，密被紧贴星状柔毛，刺密生，成熟壳斗的锐刺有长有短，有疏有密，密时全遮蔽壳斗外壁，疏时则外壁可见，每壳斗有 2~3 粒坚果，壳斗成熟时裂为 4 瓣。坚果直径 1.5~3 厘米，宽 1.8~3.5 厘米，深褐色，顶端被茸毛。

分布范围

除青海、宁夏、新疆、海南等少数省份外，广布于我国南北各地；作为经济林树种被大量种植，常栽培于海拔 50~2500 米的平原、低山丘陵、缓坡及河滩等地带；现山东、河北、江苏、河南、湖北、福建、四川、云南等地仍可见野生资源。

生态习性

喜光树种，光照不足常引起枝条枯死或不结实；耐寒、耐旱，适生于肥沃湿润、排水良好的砂质壤土，忌土壤黏重，忌积水；深根性，根系发达，萌芽力强，耐修剪；对有害气体抗性强。

果

雄花絮

树皮

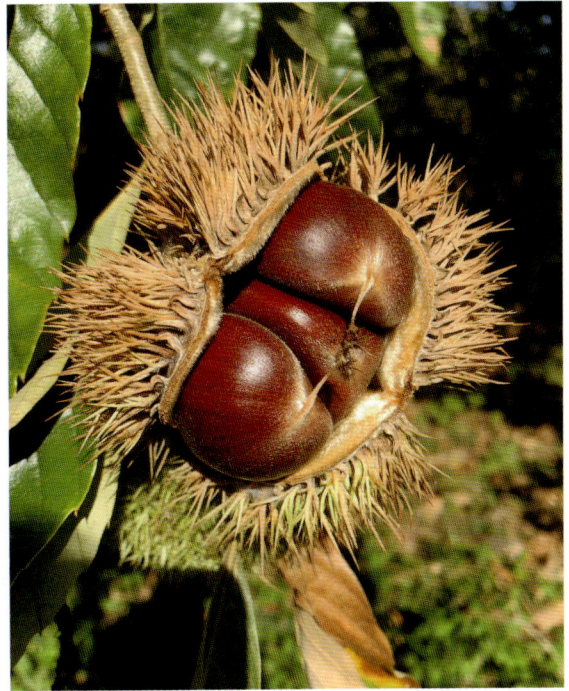

成熟果

主要用途

栗种仁含有极高的糖、脂肪、淀粉、蛋白质，还含有钙、磷、铁、钾等矿物质，以及维生素 C、B1、B2 等，种仁肥厚、味道好、营养丰富，是秋、冬季节市场上最受欢迎的干果，生吃、炒食、磨粉、作馍、酿酒、制醋都好，被誉为"铁杆庄稼""木本粮食"。木材心边材界限不甚分明，纹理直，结构粗，坚硬，耐水湿，是良好的建筑、造船、制车、枕木、农具、乐器、家具等用材。叶可作蚕饲料；栗的花序可拧成火绳，栗区农民常用作火源，以节省火柴；树根或根皮、叶、总苞、花或花序、外果皮、内果皮、种仁均可入药。

树木文化

民以食为天，饥之于食，不待甘旨；夫寒之于衣，不待轻暖。栗以"果腹充饥"之用，为人类祖先所珍视，在古书中最早见于《诗经》，如"树之榛栗，椅桐梓漆""东门之栗，有践家室"。栗在我国有 2500 余年的栽培史。唐朝白居易《登村东古冢》曰："村人不爱花，多种栗与枣。自来此村住，不觉风光好。"张籍《山禽》曰："山禽毛如白练带，栖我庭前栗树枝。猕猴半夜来取栗，一双中林向月飞。"古时板栗栽培的普遍性可见一斑。栗富含淀粉，还含单糖与双糖、胡萝卜素、硫胺素、核黄素、尼克酸、抗坏血酸、蛋白质、脂肪、无机盐类等营养物质。自古以来，栗作为常见的木本粮食，被誉为"铁杆庄稼""干果之王"，又因具有药用价值，被称为"肾之果"，可谓"药食同源"。"紫烂山梨红皱枣，总输易栗十分甜"，栗生食甘甜芳香，熟食则糯嫩绵软、益健康、厚肠胃、补肾气，为养生佳品。板栗的这种特性在文学作品中也常有体现。如宋朝文学家苏辙有"老去自添腰脚病，与翁服栗旧传方。来客为说晨兴晚，三咽徐收白玉浆"的诗句，对栗子的食疗功效进行了形象描述。唐代孙思邈曰："栗，肾之果也，肾病宜食之。"《本草纲目》也把栗子与莲子比美，称"其仁如老莲肉""栗治肾虚，腰腿无力，能通肾益气，厚肠胃也"。明代诗人吴宽《煮栗粥》："腰痛人言食栗强，齿牙谁信栗尤妙。慢熬细切和新米，即是前人栗粥方"，表达了诗人对栗子的钟爱，也道出了栗子粥补肾气、益腰的功效。栗最流行的食用方式是"糖炒栗子"。"糖炒栗子"作为遍布大街小巷的休闲食品，早已家喻户晓，但并非今人发明。国人对"糖炒栗子"的喜爱溢于言表，从古至今，上至贵族富商，下至平民百姓，无论大人小孩，都爱这一口香甜软糯的美食。南宋诗人陆游品得栗香欲罢不能，在《老学庵笔记》中对"糖炒栗子"作了生动的描述，诗中写道："齿根浮动欲我衰，山栗炮燔疗食肌。唤起少年京辇梦，和宁门外早朝时。"除了称赞栗香，诗中还提及一位"炒栗圣手"李和，称："故都李和炒栗，名闻四方。他人百计效之，终不可及。"晚清文人富察敦崇在《燕京岁时记》中记述："栗子来时，用黑砂炒熟，甘美异常，青灯诵读之余，剥而食之，颇有味外之美。""糖炒栗子"油亮溢香，肉色金黄，味道甘美，风味独特。清代郎兰皋在《晒书堂笔录》曰："闻街头唤炒栗之声，舌本流津。"康熙四十五年，康熙途经宽城，正值板栗成熟，食后赞曰："天下美味也"。此后，朝廷先后在宽城设立皇庄 30 多个，向内务府供应粮油及特产，其中最受皇帝和后宫喜爱的就是宽城板栗。乾隆皇帝更爱"糖炒栗子"，写下了《食栗》诗："小熟大者生，大熟小者焦。大小得均熟，所待火候调。惟盘陈立几，献岁同春椒。何须学高士，围炉芋魁烧"。直到现在，宽城人依旧种板栗、吃板栗。板栗已经渗透到宽城人生活的各个方面，形成了独特的板栗文化。"堆盘栗子炒深黄，客到长谈索酒尝。寒火三更灯半施，门前高喊灌香糖"，这是京津一带流传的诗句，其中"灌香糖"正是对甜香四溢的"糖炒栗子"的美称。

板栗是吉祥的象征，喻示吉利、立子、立志和事业有成。拜师、求学、升迁、商号开业、嫁娶庆寿，人们常以栗子相赠，以祝其大吉大利。男女婚配，新人的婚床上或者被褥四角，放上红枣、花生、桂圆、栗子，以示吉祥，寓意"早生贵子"。入洞房时向新人身上抛撒枣栗、金钱、糖果等（"撒帐"风俗），而且边撒边唱"一把栗子、一把枣，小的跟着大的跑"。在传统节日中，也不乏板栗的身影，"腊八粥""端午粽""重阳糕""年夜饭"，栗子都是必不可少的吉物。同时，供奉祖先、祭奠先人，也常把栗子作为首选之物。这样的习俗传统一直延续至今。

"寒谷梨应重，秋林栗更肥。"金秋九月，栗子飘香。栗子成熟的季节少不了大人们丰收的忙碌，也充满了小孩的欢声笑语。如今虽然极少听到街头小贩"糖炒栗子"那浑厚悠长的吆喝声，但人们不会忘记那红亮亮、油光光、香甜甜的"糖炒栗子"。每座城市的角落里，仍然有"糖炒栗子"售卖，随处可见，尤其是在街头、巷尾、车站码头等，飘满"糖炒栗子"特有的味道，远行的游子随手捎上一包，路途上便多了一分温暖的陪伴；归乡之客带一包回去，家人也便体味到了来自远方的生活气息。正因如此，"糖炒栗子"也浸润着一份难忘的乡情与甜蜜的回忆。

保护现状

世界自然保护联盟濒危物种红色名录（IUCN 红色名录）：未评估（NE）。

百木汇成林　树王聚金陵

金陵树王

苦槠

苦槠树王位于南京市江宁区东善桥林场东善分场（N 31°51′23.77″、E 118°46′52.06″）。胸径 56 厘米，树高 16 米，冠幅 15 米，枝下高 3 米；树龄约 150 年，健康状况良好。东善桥因新林浦这条小河而得名，这条不起眼的小河却颇有名气，历史可溯至南朝齐国，历史典故和文人墨客对此多有记载。起源于牛首山的新林浦向西汇入长江，南唐时期牛首山僧人利用化缘所得在牛首山东侧和西侧修建了跨越新林浦的桥梁，后人为纪念僧人的善举，将两桥命名为"东善桥"和"西善桥"。两座桥梁早已不复存在，1979—1980 年，新开挖的秦淮新河替代新林浦河道，新林浦名称随即消失，但东善桥和西善桥地名却被保留并沿用至今。东善桥林场始建于 20 世纪 20 年代中期。南京解放时，该场林地面积超过 8 千亩，种有各类松树 120 万株和众多阔叶树种。新中国成立初期，由于对农林工作接管重视不足，同时伪保甲人员多次煽动群众砍树破坏，在 65 天内共砍伐树木约 22 万株；此事由时任南京市市长刘伯承于 1949 年 11 月 25 日向中共中央报告，毛主席亲自批示周总理转林垦部部长梁希对此事进行处理；1950 年 5 月 20 日，《人民日报》公布了政务院人民监察委员会对此事件的处理情况，多名负责人因此受到处分。想必苦槠树王长于场部山脊，并未受到当年破坏影响，悠然而居，成长为王者！

苦槠

学名　*Castanopsis sclerophylla* (Lindl.) Schott.
别名　苦槠栲、苦槠锥、苦栗、大叶橡树、结节锥栗
科属　壳斗科（Fagaceae）锥属（*Castanopsis*）

形态特征

　　常绿乔木，高 5~10 米，稀达 15 米，胸径 30~50 厘米。树皮浅纵裂，片状剥落。小枝灰色，散生皮孔，当年生枝红褐色，略具棱，枝、叶均无毛。叶二列，叶片革质，长椭圆形、卵状椭圆形或兼有倒卵状椭圆形，长 7~15 厘米，宽 3~6 厘米，顶部渐尖或骤狭急尖，短尾状，基部近于圆或宽楔形，通常一侧略短且偏斜；叶缘在中部以上有锯齿状锐齿，很少兼有全缘叶；中脉在叶面至少下半段微凸起，上半段微凹陷，支脉明显或甚纤细；成熟叶叶背淡银灰色；叶柄长 1.5~2.5 厘米。雄穗状花序通常单穗腋生，雌花序长达 15 厘米。果序长 8~15 厘米，壳斗圆球形或半圆球形，全包或包着坚果的大部分，径 12~15 毫米，壳壁厚 1 毫米以内，不规则瓣状爆裂，小苞片鳞片状，大部分退化并横向连生成脊肋状圆环，或仅基部连生，呈环带状突起，外壁被黄棕色微柔毛；壳斗

叶

花序

树皮

果

有坚果 1 个，偶有 2~3，坚果近圆球形，径 10~14 毫米，顶部短尖，被短伏毛，果脐位于坚果的底部，宽 7~9 毫米，子叶平凸，有涩味。花期 4~5 月，果期 10~11 月。

分布范围

产于长江以南、五岭以北各地，西南地区仅见于四川东部及贵州东北部，常分布于海拔 200~1000 米丘陵或山坡疏林或密林中，与杉、樟混生，村边、路旁时有栽培。

生态习性

喜温暖、湿润气候；喜光，也能耐阴；喜深厚、湿润土壤，也耐干旱、瘠薄；深根性，有较强的涵养水源功能；枝、叶抗二氧化硫等有害气体。

主要用途

苦槠树体高大，树形优美，树冠浓密，寿命长，为优良的绿化树种，宜孤植、丛植、列植，可用于城乡、工矿绿化或营造以常绿阔叶树为基调的风景林或防护林；苦槠叶燃点高，是良好的防火树种。木材黄棕色，结构致密、纹理直，富有弹性，耐湿抗腐，是建筑、桥梁、家具、农具及机械等上等用材。种子富含淀粉，可以做成苦槠豆腐、粉丝、粉皮、糕点等食材；种子粉通气解暑，祛滞化瘀，特别对痢疾和止泻有独到的疗效，是涩肠固脱的药食同源好材料。

树木文化

苦槠树干挺拔、遒劲有力，树冠青翠欲滴，宛如一把绿色的大伞，庇佑一方人民。在饥荒之年，苦槠可谓救命树。唐朝诗人皮日休在《橡媪叹》中写道："秋深橡子熟，散落榛芜冈。伛偻黄发媪，拾之践晨霜。移时始盈掬，尽日方满筐。几曝复几燕，用作三冬粮……"，这里提到的橡子就是苦槠种子。传说约在公元 1127 年间，北宋王朝衰落，南宋一位皇帝带军队南逃，露宿麦良村，扎营槠树林。由于军中缺粮，皇帝本人也饿得头昏眼花，于是当地村民就在槠树林中捡苦槠籽，磨成粉，做成苦槠豆腐给皇帝及其军队充饥，以解燃眉之急。正因如此，古代一些地区的人们保护苦槠的意识很强。《本草纲目》中记载，苦槠果低热无毒、营养丰富。"内仁如杏仁，生食苦涩，煮、炒乃带甘，亦可磨粉。甜槠子粒小，木文细白，俗名面槠。苦槠子粒大，木文粗赤，俗名血槠。其色黑者名铁槠"，强调了苦槠子的可食性。苦槠在我国南方相当普遍，山林、村庄、田头都遗留下大量古树，逐渐形成了"苦槠乌，十月初；苦槠颤，十月半"的物候谚语。1930 年冬天，彭德怀元帅带领军队到江西洪一乡时，由于粮食缺乏，战士们就在苦槠林里捡拾苦槠子充饥。

苦槠子作为食材，食用方法多种多样，如烧食、炒食等。南方山区的人们把苦槠子磨成粉，再水浸后过滤得到淀粉，加工成"苦槠豆腐""苦槠糕""苦槠凉粉"等。其中，"苦槠豆腐"最为普遍。清代著名植物学家吴其濬在《植物名实图考》中就写到了食苦槠豆腐的感受，"余过章贡间，闻舆人之诵曰：苦槠豆腐，配盐幽菽。皆俗所嗜尚者。得其腐而烹之，至舌而涩，至咽而膬，津津焉有味回于齿颊"。即使在物资丰富的年代，仍然有人对苦槠豆腐念念不忘、情有独钟。苦槠子不仅可以食用，也可以药用。《中国乡食大全》曰："医食同源"。《中药大辞典》记载，橡子取粉食，可健人，涩肠固脱，治泻痢脱肛及痔疮。

苦槠因与劳动人民的生活密切相关，又总能在关键时刻发挥作用，内涵和意蕴十分丰富。清甜而略带一丝涩意的苦槠豆腐，是过往时代的回忆。苦槠树也是故乡的记忆，是救命树、乡愁树、希望树，也是历史树。

保护现状

世界自然保护联盟濒危物种红色名录（IUCN 红色名录）：无危（LC）。

百木汇成林　树王聚金陵

金陵树王

栓皮栎

栓皮栎树王位于南京市玄武区灵谷寺山门外（N 32°03′19″、E 118°51′38″）。胸径 83 厘米，树高 14 米，冠幅 13 米，枝下高 6 米；树龄 122 年，健康状况良好。

灵山秀谷开普寺，礼让孝陵功无量。

紫金东南存舍利，皇帝御赐殿无梁。

山木葱郁真禅地，纪念英灵埋忠良。

藏有树王栓皮栎，皮是软木果作酿。

栓皮栎

学名 *Quercus variabilis* Blume

别名 软木栎、粗皮青冈

科属 壳斗科（Fagaceae）栎属（*Quercus*）

形态特征

落叶大乔木，高可达 30 米。树皮黑褐色，深纵裂，木栓层发达。小枝灰棕色，无毛。芽圆锥形，芽鳞褐色，具缘毛。叶片卵状披针形或长椭圆形，长 8~15（20）厘米，宽 2~6（8）厘米，顶端渐尖，基部圆形或宽楔形，叶缘具刺芒状锯齿，叶背密被灰白色星状茸毛，侧脉每边 13~18 条，直达齿端；叶柄长 1~3（5）厘米，无毛。雄花序长达 14 厘米，花序轴密被褐色茸毛，花被 4~6 裂，雄蕊 10 枚或较多；雌花序生于新枝上端叶腋；壳斗杯形，包着坚果 2/3，连小苞片直径 2.5~4 厘米，高约 1.5 厘米；小苞片钻形，反曲，被短毛。坚果近球形或宽卵形，高、径约 1.5 厘米，顶端圆，果脐突起。花期 3~4 月，果期翌年 9~10 月。

叶

果与种子

树皮

分布范围

分布于辽宁、河北、山西、陕西、甘肃、山东、江苏、安徽、浙江、江西、福建、台湾、河南、湖北、湖南、广东、广西、四川、贵州、云南等省份；华北地区通常生于海拔800米以下的阳坡，西南地区生长海拔可达2000~3000米。

生态习性

喜光树种，幼苗能耐阴；深根性，根系发达，萌芽力强；抗风、抗旱、耐火、耐瘠薄，在酸性、中性及钙质土壤均能生长，尤以在土层深厚肥沃、排水良好的壤土或砂壤土生长最好。

主要用途

栓皮栎树干通直，挺拔雄伟，树冠开阔，是重要用材树种。叶色季相变化明显，是极好的观赏树木，可孤植、丛植于庭院或广场，也可成片栽植于公园、城中空旷之地以及城郊山坡之上，或与松树、樟树（南方）等常绿树木混交，其色调分明，林荫及景观效果均佳。由于根系发达，防火能力强，又是防风林、防火林及水源涵养林的极好树种。

栓皮栎木材坚韧耐磨，纹理直，耐水湿，可供建筑、家具、木地板等用材。栓皮质地轻软，有弹性，具有不导电、隔热、隔音、不透水、不透气等优点，是我国生产软木的主要原料。种子含大量淀粉，可用于浆纱或酿酒；枝、干为培育木耳及香菇的好材料。

树木文化

栓皮栎也称为软木，是大自然的宝贵馈赠。最神奇的是它的树皮是一种目前没有任何工业或工艺能够复制的天然材料。对树木而言，树皮是非常重要的，能防寒防冻、防止病虫伤害。剥了皮的树很容易死去，但是栓皮栎不仅不怕剥皮，反而越剥皮生长越快。成块的树皮被剥光以后，就露出了橙黄色的内层，它不仅不死，而且仍然枝叶茂盛，并长出新的树皮。资料记载，栓皮栎可间隔 9 年剥皮一次，一棵栓皮栎一生可以剥 10 次皮，采集树皮的重量可达 1000 千克。栓皮栎无私奉献的精神和顽强的生命力让人敬佩。

栓皮栎木材为浅褐色，给人以朴素、典雅的心理感受。它具有特殊的纹理和质感，形如涟漪，宛如游蛇，平静而优雅，具有美学价值。挖掘栓皮栎的美学元素并应用于服饰、家居装饰等，可以给人们带来独特的美的享受。福州一些地区利用栓皮栎软木进行雕刻，凭借着软木自身独特细密的天然纹样和重要的文化价值，2008 年被评为国家级非物质文化遗产。

保护现状

世界自然保护联盟濒危物种红色名录（IUCN 红色名录）：无危（LC）。

金陵树王

锐齿槲栎

紫金山麓、玄武湖畔坐落着一所具有 120 年历史的林业高校，校园内百木参天、郁郁葱葱，百花齐放、五彩缤纷，假若不是那朗朗的读书声，那俨然就是森林世界。松柏苍翠，杉树挺立，百木之中生长着锐齿槲栎树王（N 32°4′46″、E 118°48′32″）。胸径达 81 厘米，树高 18 米，冠幅 14 米，枝下高 2.4 米；树龄 70 年，健康状况良好。和其他树木相比，树王谈不上高大，但树干粗壮，以枝繁叶茂形容十分贴切，波浪形的叶边，壳斗包裹的栎实，颇具欣赏价值。树王应是南京林业大学在开建校区时种下的首批树木，70 载过去了，树苗已成长为王，记录着南林发展的过往，见证万千学子的成长。

锐齿槲栎

学名 *Quercus aliena* var. *acutiserrata* Maximowicz ex Wenzig
别名 尖齿槲栎、锐齿栎
科属 壳斗科（Fagaceae）栎属（*Quercus*）

形态特征

落叶乔木，高达 30 米。树皮暗灰色，深纵裂。小枝灰褐色，近无毛，具圆形淡褐色皮孔。芽卵形，芽鳞具缘毛。叶片长椭圆状倒卵形至倒卵形，长 10~20（30）厘米，宽 5~14（16）厘米，顶端微钝或短渐尖，基部楔形或圆形，叶缘具粗大锯齿，齿端尖锐，内弯，叶背密被灰色细茸毛，叶片形状变异较大，侧脉每边 10~15 条，叶面中脉、侧脉不凹陷；叶柄长 1~1.3 厘米，无毛。雄花序长 4~8 厘米，雄花单生或数朵簇生于花序轴，微有毛，花被 6 裂，雄蕊通常 10 枚；雌花序生于新枝叶腋，单生或 2~3 朵簇生。壳斗杯形，包着坚果约 1/2，直径 1.2~2 厘米，高 1~1.5 厘米；小苞片卵状披针形，长约 2 毫米，排列紧密，被灰白色短柔毛。坚果椭圆形至卵形，直径 1.3~1.8 厘米，高 1.7~2.5 厘米，果脐微突起。花期 3~4 月，果期 10~11 月。

锐齿槲栎果实

叶

嫩叶与雄花序

分布范围

产于辽宁东南部、河北、山西、陕西、甘肃、山东、江苏、安徽、浙江、江西、台湾、河南、湖北、湖南、广东、广西、四川、贵州、云南等省份；生于海拔100~2700米的山地杂木林中，或形成小片纯林。

生态习性

喜光，耐寒，能耐 –24℃极端低温；在湿润、肥沃、深厚、排水良好、土层厚度50厘米以上的土壤上生长最好，适生于中性至微酸性的轻壤、中壤、重壤及部分黏土的森林土壤、山地褐土、黄棕壤；根系发达，萌生力强，耐干旱瘠薄，抗风、抗火，具有很好的防蚀、护坡堤、保持水土及防火作用。

主要用途

锐齿槲栎树形高大奇特、叶片美丽，常被用作观赏树种。木材纹理美观，木质坚硬，耐磨力强，可用于建筑、家具、造船及枕木制作。干、枝可培养香菇、木耳、天麻，并可用作薪材；叶可养柞蚕，也可用于制作饲料或饲料添加剂；种子淀粉含量为60%~70%，可酿酒，制凉粉、粉条、豆腐及酱油等；果壳可制作活性炭，提取栲胶和黑色染料。

树木文化

锐齿槲栎是槲栎的变种，主要区别在于锐齿槲栎叶缘具粗大锯齿，齿端尖锐，内弯，叶背密被灰色细茸毛，叶片形状变异较大，花期、果期略早。槲栎家族往往通身上下疙疙瘩瘩，其貌不扬，且躯干弯弯曲曲，不易成材。因此常常不被看好，不受关注。传说明朝时期，襄城县（河南许昌）户部尚书李敏偏偏选中此树，种在自己创办的书院里，成就了一段佳话，也赋予了此树新的文化内涵。槲栎不像其他树木能成材、创造经济价值，只能当作柴火。李敏不想让后代滋生贪欲、不成大器，便选中了这种极为普通的树，植于书院和山中。李家后代若只靠这份家业，仅够维持温饱生活。如若想要过上更好的日子，就必须勤奋读书，获取功名，方能生活殷实，衣食无忧。这寄托了李敏对子孙后代为国建功立业、为族人争光的期盼。

树皮

锐齿槲栎种子富含淀粉，在饥荒年代，村民们常采集果实充饥，因此也称其为"救命树"。唐朝安史之乱时，杜甫逃难至甘肃，一家老小在山中捡拾栎实为生，"岁拾橡栗随狙公，天寒日暮山谷里"就是当时窘境生活的真实写照。人们食用栎实的历史可以追溯到农耕文明诞生前，当时的人们还不懂得种植庄稼和饲养家畜，主要靠采食天然生成的植物果实或者根茎为生。

在日本，槲栎被叫做柏树。虽然是松柏的"柏"，但此"柏"非彼"柏"。端午节时，除了用槲栎树叶包粽子，日本还做一种流传更广的独创点心"柏饼"，就是用粳米磨成粉，和着淀粉做成外皮，里面包上红豆馅或栗子馅，做成糕点后再用一片槲栎叶子对折包住，以此寓意家族子子孙孙繁衍不息。

"槲叶落山路，枳花明驿墙。"据说在新芽生出之前，槲栎老叶不会掉落，正如一代人与一代人之间的传承，绵延不断、生生不息，因此，槲栎具有孙繁荣、血脉不断的象征意蕴。

保护现状

世界自然保护联盟濒危物种红色名录（IUCN 红色名录）：无危（LC）。

百木汇成林　树王聚金陵

金陵树王

响叶杨

响叶杨树王位于南京市栖霞区栖霞山风景区了凡问道入口对面处（N 32°09″24.01″、E 118°57′33.52″）。胸径 56 厘米，树高 23 米，冠幅 10 米；树龄约 120 年，健康状况良好。响叶杨是南京乡土杨树，风吹叶片哗哗作响，便得名"响叶杨"。栖霞山中的响叶杨应是"土著"，不如枫树受"待见"，专门种植概率极小，但这又何妨，响叶杨树王在此茁壮成长。高近七丈，树冠卵形，虽在林中，但远观便可见其壮观雄姿。响叶杨虽无"万树霜枫赤似霞"般的气魄，但树王秋天同现出紫、红、黄等多种艳丽之色，与"栖霞丹枫"的意境搭配倒也妥帖！

响叶杨

学名 *Populus adenopoda* Maxim.

别名 白杨树、绵杨、风响树

科属 杨柳科（Salicaceae）杨属（*Populus*）

形态特征

落叶乔木，高 15~30 米。树皮灰白色，光滑，老时深灰色，纵裂；树冠卵形。小枝较细，暗赤褐色，被柔毛；老枝灰褐色，无毛。芽圆锥形，有黏质，无毛。叶卵状圆形或卵形，长 5~15 厘米，宽 4~7 厘米，先端长渐尖，基部截形或心形，稀近圆形或楔形，边缘有内曲圆锯齿，齿端有腺点，上面无毛或沿脉有柔毛，深绿色，光亮，下面灰绿色，幼时被密柔毛；叶柄侧扁，被茸毛或柔毛，长 2~8（12）厘米，顶端有 2 个显著腺点。雄花序长 6~10 厘米，苞片条裂，有长缘毛，花盘齿裂。果序长 12~20（30）厘米，花序轴有毛。蒴果卵状长椭圆形，长 4~6 毫米，稀 2~3 毫米，先端锐尖，无毛，有短柄，2 瓣裂。种子倒卵状椭圆形，长 2.5 毫米，暗褐色。花期 3~4 月，果期 4~5 月。

果

雄花序

树皮

叶

种子

分布范围

分布于陕西、河南、安徽、江苏、浙江、福建、江西、湖北、湖南、广西、四川、贵州和云南等省份；生于海拔 300~2500 米阳坡灌丛中、杂木林中，或沿河两旁，有时成小片纯林或与其他树种混交成林。

生态习性

喜光，速生，根萌芽性强，天然更新良好；不耐庇荫，耐干旱，耐低温，对土壤要求不严，在酸性、微碱性土壤都能生长，在土壤深厚肥沃的冲积土上生长最好。

主要用途

边材白色，心材微红，材质和强度都比一般杨树好，可作为建筑、家具、造纸的材料，也可用于木雕。叶含挥发油 0.25%，叶可作饲料；根可入药，行气温中，主治胃脘疼痛、消化不良。

树木文化

响叶杨是非常普通的一种树，分布广泛，扎根于贫瘠的土壤，颇有随遇而安、与世无争的意味。虽说普通，但响叶杨树体高大、修长挺拔、姿态雄伟、倔强而不屈，又常常引人关注与赞赏。宋朝诗人黄庭坚的《新息渡淮》曰："风里麦苗连地起，雨中杨树带烟垂。"当代诗人杜铁林写道："最爱塘前响叶杨，春来冬去幼芽黄。身披初景柔风沐，心有豪情挺脊梁。"黄发滨在《咏小区响叶杨》中写道："谁栽诗种近南窗，飘絮网韶光。随风入夜轻敲梦，春分后，一枕清凉。麻雀偷窥，娇柔花序，叶隙簸朝阳。"响叶杨叶大，叶柄长，遇到风就会发出啪啦啪啦的声音，如同人们鼓掌一样，所以民间常称其为"鬼拍手"，这也许就是响叶杨名字的由来。在现代分类系统中，白杨是杨柳科杨属植物的通称，古时所指白杨就是响叶杨。金陵白杨很多，如"驿亭三杨树，正当白下门"，可谓随处可见，因此其常常出现在诗人的字里行间。诗人或描写白杨之景，或借景抒情。唐朝诗人李白的《劳劳亭歌》中有："金陵劳劳送客堂，蔓草离离生道旁。古情不尽东流水，此地悲风愁白杨。"通过萧萧白杨来烘托诗人的愁思。再如《金陵白杨十字巷》中："白杨十字巷，北夹湖沟道。不见吴时人，空生唐年草。天地有反覆，宫城尽倾倒。六帝馀古丘，樵苏泣遗老。"诗人凭吊古迹，感叹世事无常，意境深远。响叶杨虽极普通，然而绝不平凡。现代作家茅盾在《白杨礼赞》中说："这是虽在北方的风雪的压迫下却保持着倔强挺立的一种树。哪怕只有碗来粗细罢，它却努力向上发展，高到丈许，二丈，参天耸立，不折不挠，对抗着西北风。"作者称赞白杨伟岸、正直、朴质、严肃；用白杨树的"参天耸立，不折不挠"来讴歌民族解放斗争中北方农民朴实、坚强和力求上进的精神，而生长在南方的响叶杨同样具有这种优良的品性。

响叶杨象征不屈不挠、坚强不屈的民族精神。

保护现状

世界自然保护联盟濒危物种红色名录（IUCN 红色名录）：未评估（NE）。

金陵树王

南京柳

南京柳树王位于南京市玄武区玄武湖景区梁州柳湾观鱼处（N 32°04′35.72″、E 118°47′45.44″）。雌株，5 个分枝，胸径分别为 40 厘米、30 厘米、28 厘米、25 厘米、18 厘米，树高 6 米，冠幅 12 米；树龄约 80 年，健康状况良好。南京城不缺柳树。江水环绕，城中有湖，柳树自然成了这座城市最贴切的伴侣！但若品鉴独属于南京的柳树，那便是南京柳了！以地为名，以城为名，属于南京的也仅有三个树种而已！南京柳以玄武湖畔的这株最为潇洒！生于岸边，半侧迎客，半侧戏水，水中柳影鱼儿游，不知其名者屡屡皆是，但无意之中她就会默默入景！朴实无华，不见魁梧，独处岸边，风来之则会翩翩起舞，迎送过往宾朋！这便是她的佳处。

南京柳

学名　*Salix nankingensis* C. Wang et Tung
科属　杨柳科（Salicaceae）柳属（*Salix*）

形态特征

　　灌木或小乔木。枝暗紫褐色；小枝赤褐色，近光滑，幼时被柔毛。芽卵形，褐色，被毛。叶披针形或长圆状披针形，长 2~8 厘米，宽 1~2 厘米，先端长渐尖至渐尖，基部阔楔形或近圆形，边缘具细腺锯齿，上面绿色，下面淡绿色，中脉隆起，两面无毛，幼叶具褐灰色密毛；叶柄长 7 毫米；托叶半卵形，边缘具疏锯齿，两面无毛。花与叶同时开放；雄花序无花序梗，基部无叶或具 2~3 枚鳞片状小叶，长 2~3 厘米，粗 6 毫米，花较密，轴被毛；雄蕊通常 5，稀 3（6），花丝长为苞片的 1 倍，近基部有白色丝状毛；腺体 2，均 2 裂，褐黄色；花药球形，黄色；苞片卵圆形，先端圆，淡黄绿色，外面光滑，内面具疏毛；雌花序具梗，长约 1 厘米，具 2~3 个小叶；轴被密毛；子房卵状椭圆形，具短柄，柱头 2 浅裂；腺体 2，均 2 裂，包围子房柄呈假花盘状，长为子房柄长的 1/3；苞片卵形，外面仅基部具疏毛，内面有疏长毛，比子房柄长。果序长达 5 厘米，蒴果长 4 毫米。花期 3 月下旬，果期 6 月上旬。

　　南京柳叶下面淡绿色，雌、雄花的腺体均分裂，雌花的腺体常呈假花盘状，果柄较短，可与紫柳（*S. wilsonii* Seemen）区别。

叶

成熟果

分布范围

产于江苏南京。

生态习性

生于水边，喜潮湿、深厚的土壤。

主要用途

南京柳耐水湿，可用于池塘、河畔护坡固土绿化，营造水景。

树木文化

南京柳作为柳树家族的一员，同样承载着柳树的文化内涵，但南京柳因生于南京，而又以"南京"命名，着实更为特殊。自古以来，南京的河岸堤畔、道边宅旁、驿亭渡头、古庙深巷，处处都有柳树。玄武湖畔、莫愁湖边、秦淮河岸常常烟柳迷蒙。柳枝随风摇曳，婀娜多姿；若遇细雨霏霏，则烟笼雾罩，如梦如幻。"金陵柳树"虽然不特指现在的南京柳，但足以说明古代南京城种植柳树之多和文人对于柳树的特殊情怀，正如《方志江苏》撰稿人金毓平所说，不论是"台城柳""秦淮柳""白门柳"，还是"白门秋柳""北湖烟柳"，在历史上都留下了许多动人的故事，或缠绵悱恻、道别相思，或感慨人生多艰、沧海桑田，浩如烟海的历史文学作品已然成为金陵特有的一种文化符号。

叶和果

金陵怀古断不能缺"金陵柳树"的身影。唐朝李白道尽离别伤感之情："天下伤心处，劳劳送客亭。春风知别苦，不遣柳条青。"韦庄曰"江雨霏霏江草齐，六朝如梦鸟空啼。无情最是台城柳，依旧烟笼十里堤。"宋朝诗人马野亭赞叹行道柳荫的风姿："南城来到北城隅，更北直趋玄武湖。一上雕鞍三十里，两旁官柳数千株。"元朝杨维桢云："步出白门柳，闻歌金缕衣"，清朝王至旬曰："东风白门柳，斜日汉阳船。"不仅文人雅士喜爱借柳作诗，古代的帝王也爱柳、恋柳，如梁元帝的"长条垂拂地，轻花上逐风。露沾疑染绿，叶小未障空。"梁简文帝的"杨柳乱成丝，攀折上春时。叶密鸟飞碍，风轻花落迟。"清朝乾隆时期，玄武湖畔的杨柳曾被列入"金陵四十八景"，如今每当清风拂过，柳条携着嫩绿柳叶空中飞舞，春天独有的生机扑面而来，在烟雨迷蒙之际，又增添一种婉约朦胧的意境。

南京的柳点缀在城市文脉里，留下了串串承载着文化的印记。南京的许多地名中带"柳"，如柳塘、柳谷、柳叶街、细柳巷、柳叶渡、柳树湾、万柳堤、柳浪堤、折柳亭等，这也不足为奇，因为柳树在六朝南京时已成为城市绿化的主角，《宫苑记》中记载："其宫南夹路出朱雀门，悉垂杨与槐也"。而以"南京"命名的南京柳，也让人们对它的印象更加深刻，被赋予了别离、乡愁、悼古、柔美、高尚等诸多内涵，也寓意着平凡而伟大、不怕困难、勇于挑战的精神。

保护现状
《中国生物多样性红色名录（高等植物卷）》：极危。
世界自然保护联盟濒危物种红色名录（IUCN 红色名录）：极危（CR）。

金陵树王

糯米椴

糯米椴树王位于南京市溧水区白马镇杨树山（N 31°30′35.75″、E 119°10′11.32″）。胸径 48/42 厘米，树高 25 米，冠幅 15 米；树龄约 80 年，健康状况良好。杨树山的来历故事颇丰，明代以前此地便成为仙家道客修炼的场所，固有"仙人下棋"的传说。樵夫砍材，旁观棋局，一弈多年，忘记扁担飞奔下山才知时间飞逝，再次上山扁担已成杨树，这便是杨树山的美好传说！或为杜撰故事，终不得考证！但杨树山顶寺庙旁生长的糯米椴，树干挺拔，枝叶繁茂，叶片形似杨树叶片，莫非这就是当年的"扁担"！

糯米椴

学名 *Tilia henryana* var. *subglabra* V. Engl.

别名 糯米树、亨利椴树、刺叶椴、粉木椴、葫芦椴

科属 椴树科（Tiliaceae）椴属（*Tilia*）

形态特征

落叶乔木。嫩枝及顶芽均无毛或近秃净。叶圆形，长 6~10 厘米，宽 6~10 厘米，先端宽而圆，有短尖尾，基部心形，整正或偏斜，有时截形，上面无毛，下面除脉腋有毛丛外，其余秃净无毛，侧脉 5~6 对，边缘有锯齿，由侧脉末梢突出成齿刺，长 3~5 毫米；叶柄长 3~5 厘米，被黄色茸毛。聚伞花序长 10~12 厘米，有花几十朵，花序柄有星状柔毛；花柄长 7~9 毫米，有毛；苞片狭窄倒披针形，长 7~10 厘米，宽 1~1.3 厘米，先端钝，基部狭窄，两面有黄色星状柔毛，下半部 3~5 厘米与花序柄合生，基部有柄长 7~20 毫米；萼片长卵形，长 4~5 毫米，外面有毛；花瓣长 6~7 毫米；退化雄蕊花瓣状，比花瓣短；雄蕊与萼片等长；子房有毛，花柱长 4 毫米。果实倒卵形，长 7~9 毫米，有棱 5 条，被星状毛。花期 6 月。

苞片与果

花

树皮

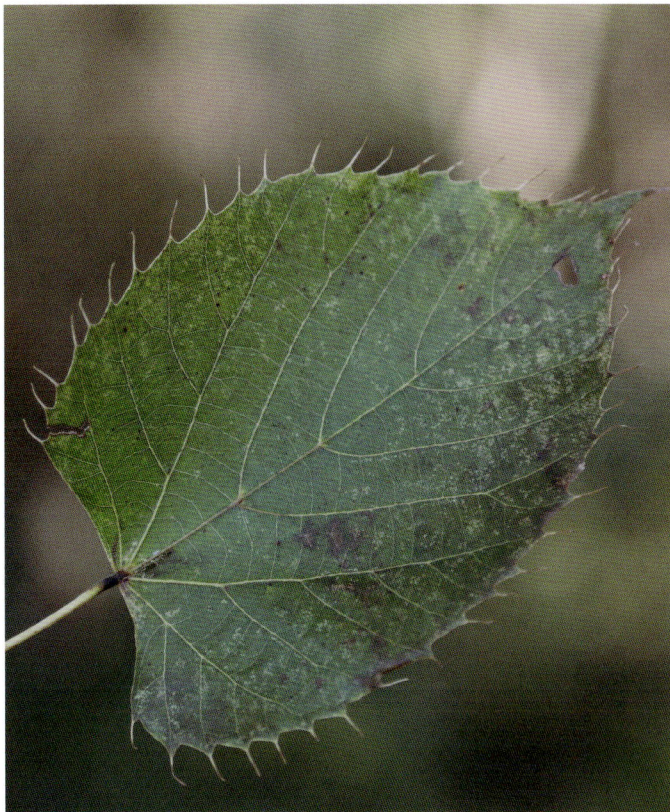

叶

分布范围

分布于江苏、浙江、江西和安徽，生长于海拔 1400 米以下的山林中。

生态习性

喜光，幼苗稍耐阴，稍耐寒，耐干旱贫瘠，对土壤要求不严。

主要用途

树姿雄伟，树冠大而紧凑，自然呈塔形或广卵圆形，叶大荫浓，花香馥郁，可用作行道树或孤植观赏。木材轻软、细致，纹理美观，有光泽，可供建筑、家具、雕刻、乐器等。糯米椴是蜜源植物，花阴干后可入药，具有发汗、镇静、解热、安神助眠等功效；嫩茎、干叶可作饲料。

树木文化

每逢糯米椴花开，其浓烈的香甜味吸引着路过的行人，倘若深吸一口，则会感到格外清凉舒爽，但又无刺鼻的烦恼。作家张抗抗曾在《椴树花开》一文中这样描写："拢一拢头发，它落在头发上；拂一拂裙角，衣服犹如被香熏过。"可见椴花之馨香怡人。然而糯米椴在我国至今并未用于大规模绿化和观赏，要么处于野生状态，要么植于寺院，以菩提树之名被供奉着。从历史资料来看，把糯米椴作为菩提树其实有点牵强。菩提树是指毕钵罗树，相传佛祖释迦牟尼在菩提树下修成正果，因此菩提树被视为"神圣之树"。菩提树为桑科榕属大乔木，生长在热带，我国大部分地区不能生长。自隋朝起，我国就已采用汉化的菩提树，高僧们选择叶子形状与菩提树相似的椴树属树种作为"菩提树"种植在寺庙中。南方多种植南京椴，如浙江、江苏、安徽的一些寺庙，日本、韩国也视南京椴为菩提树，北方多选择蒙椴。北京故宫中的英华殿（清代皇宫里拜佛的场所）有两株"九莲菩提树"，为明代万历皇帝的生母李太后亲手种植，就是辽椴。清乾隆皇帝还为其写下《御制英华殿菩提树诗》："我闻菩提种，物物皆具领，此树独擅名，无乃非平等。"根据《佛教的植物》一书记载，"菩提树叶缘有锯齿，上面平滑，下面成白色……结圆形果实，可以串成念珠"，而糯米椴叶缘有长芒刺，果壳薄而易破，不可能串成念珠，所以糯米椴并不具备汉化菩提树的这些特征。不同椴树属树种外形极其相似，一般很难分辨。寺庙中的糯米椴可能是僧人误种，如南京的宏觉寺和宝鼎寺等。其实不管是否误种，也不管是此菩提树或彼菩提树，当上香祈福之人虔诚地站在树前，仿佛穿越时空、点津开悟，便无须执着于哪一种才是真正的菩提树了。"菩提本无树"，每一棵树都可以是菩提树，人人都能有一棵菩提树。

糯米椴寓意无私奉献、平等相待和彼此尊重。

保护现状

世界自然保护联盟濒危物种红色名录（IUCN 红色名录）：无危（LC）。

百木汇成林　树王聚金陵

金陵树王

梧桐

梧桐树王位于高淳区砖墙镇风下行政村（N 31°17′35″、E 118°48′11″）。胸径49 厘米，树高 14 米；树龄约 80 年，健康状况良好。梧桐树王生长在高淳区砖墙镇，这里自古就是富饶的地方，这里曾是三国名将周瑜的旧宅，东吴英才无不汇聚此地！栽下梧桐树引得凤凰来，长着梧桐王，百鸟到此栖。招引人才，汇聚英才，高淳砖墙等你来！

梧桐

学名 *Firmiana simplex* (L) W Wight

别名 青桐、碧梧、青玉、庭梧

科属 梧桐科（Sterculiaceae）梧桐属（*Firmiana*）

形态特征

落叶乔木，高达 16 米。树皮青绿色，平滑。叶心形，掌状 3~5 裂，直径 15~30 厘米，裂片三角形，顶端渐尖，基部心形，两面均无毛或略被短柔毛，基生脉 7 条，叶柄与叶片等长。圆锥花序顶生，长 20~50 厘米，下部分枝长达 12 厘米，花淡黄绿色；萼 5 深裂几至基部，萼片条形，向外卷曲，长 7~9 毫米，外面被淡黄色短柔毛，内面仅在基部被柔毛；花梗与花几等长；雄花的雌雄蕊柄与萼等长，下半部较粗，无毛，花药 15 个，不规则地聚集在雌雄蕊柄的顶端，退化子房梨形且甚小；雌花的子房圆球形，被毛。蓇葖果膜质，有柄，成熟前开裂成叶状，长 6~11 厘米、宽 1.5~2.5 厘米，外面被短茸毛或几无毛，每个蓇葖果有种子 2~4 个。种子圆球形，表面有皱纹，直径约 7 毫米。花期 6 月。

分布范围

产于我国南北各省份，从广东、海南到华北均产，现多见栽培。

小花

圆锥花序

老树树皮

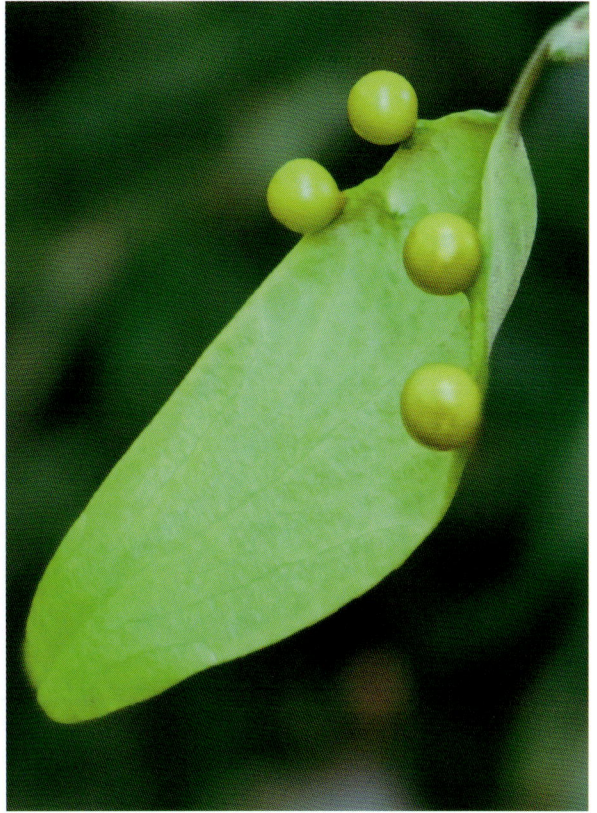

菁葖果

生态习性

喜光，喜温暖湿润气候；喜肥沃、湿润、深厚且排水良好的土壤，在酸性、中性及钙质土上均能生长，但不宜在积水洼地或盐碱地栽种。深根性，主根粗壮；萌芽力弱，一般不宜修剪。生长尚快，寿命较长，对多种有害气体都有较强抗性。

主要用途

优良的观赏树木，宜植于村边、宅旁、山坡、石灰岩山坡等处。木材轻软，为制木匣和乐器的良材。树皮可造纸、编绳，木材刨片可浸出黏液，称为刨花，有润发作用。种子炒熟可食，也可榨油。茎、叶、花、果均可入药，可清热解毒、祛湿健脾。

树木文化

梧桐皮青如翠，叶缺如花，妍雅华净，赏心悦目，历朝历代的人们都喜欢种植，其种植历史已有三千多年，在古人心中是良木、良材的代表。梧桐最早见于先秦文献《诗经》，《大雅·生民之什·卷阿》有"凤凰鸣矣，于彼高岗。梧桐生矣，于彼朝阳"之句，正是梧桐招引凤凰传说的最早出处。凤凰是人们向往美好吉祥之物而想象出来的神话精灵，而梧桐却是美好吉祥期望的现实载体。梧桐因招引凤凰之说，也被视为吉祥和高贵的象征。这种独特的中国梧桐文化，蕴含着追求美好理想生活的寓意，代表着一种理想、高贵、吉祥的精神属性。

梧桐是古代常见的庭院树种，如陈继儒在《小窗幽记》中写道："凡静室，须前栽碧梧，后栽翠竹……然碧梧之趣，春冬落叶，以舒负暄融和之乐，夏秋交荫，以避炎烁蒸烈之气。"

在千百年的文化演变中，梧桐也是中国文学重要的植物意象，具有非常丰富的象征意蕴。焦桐、孤桐、双桐、疏桐、桐叶、桐花、桐乳、桐阴、半死桐、桐叶秋声、金井梧桐、秋雨梧桐、梧桐夜雨、秋风梧桐、秋月梧桐等，都是古典诗文中常见的意象。唐宋以来，文人更喜欢借梧桐来表达复杂、丰富的心境。在《全唐诗》中，出现梧桐、梧或桐大约569次，《全宋诗》中涉及梧桐的诗有3310首，《全宋词》中有130位词人用到过梧桐意象。梧桐晚春开花，是春光逝尽的表征，常常容易勾起人们对年华消逝的伤感之情。唐朝崔仲容曰："桐花落尽春又尽，紫塞征人犹未归。"刘云曰："玉井苍苔春院深，桐花落地无人扫""梧桐一叶落，天下尽知秋"。除了春天的梧桐花，秋天梧桐叶也是文人表达悲秋之情的典型意象，常用来表达离愁别恨、相思之苦。如王昌龄的《长信秋词》："金井梧桐秋叶黄，珠帘不卷夜来霜。"李商隐的《宿骆氏亭寄怀崔雍崔衮》："秋阴不散霜飞晚，留得枯荷听雨声。"宋朝李清照的《声声慢》："满地黄花堆积，憔悴损，如今有谁堪摘？守着窗儿，独自怎生得黑，梧桐更兼细雨，到黄昏，点点滴滴，这次第，怎一个愁字了得。"把雨打梧桐叶的凄凉、孤独、冷清的氛围展现得淋漓尽致，正是片片梧桐叶落，心中愁绪无限。温庭筠的《更漏子》云："梧桐树，三更雨，不道离情正苦。一叶叶，一声声，空阶滴到明。"正是"一声梧叶一声秋，一点芭蕉一点愁，三更归梦三更后"，道出无限相思之愁。白居易《长恨歌》中用"春风桃李花开日，秋雨梧桐叶落时"的强烈对比，表达一种伤心、刻骨的思念之情。而清朝画家郑板桥的《咏梧桐》则表达了怀才不遇的惆怅："高梧百尺夜苍苍，乱扫秋星落晓霜。如何不向西州植，倒挂绿毛幺凤皇。"宋朝诗人王安石以《孤桐》言志，借写梧桐表达自己高尚的品格和百折不挠的决心。古代梧桐还有国恨家愁的意蕴，如李清照的"梧桐更兼细雨，到黄昏，点点滴滴。"李煜《采桑子》："辘轳金井梧桐晚，几树惊秋"；《乌夜啼》："无言独上西楼，月如钩，寂寞梧桐深院锁清秋。剪不断，理还乱，是离愁，别是一般滋味在心头。"梧桐树还承载着游子的乡愁，诗人借异地他乡的梧桐树寄托自己的思乡之情。杜甫曾在《陪郑公秋晚北池临眺》中写道："异方初艳菊，故里亦高桐。"唐朝元稹的《桐孙诗》中写道："去日桐花半桐叶，别来桐树老桐孙。城中过尽无穷事，白发满头归故园。"

梧桐与凤凰的组合，还衍生出了坚贞爱情的象征意蕴。唐朝陈子昂的《鸳鸯篇》："凤凰起丹穴，独向梧桐枝"，用凤凰对梧桐的专一来表达鸳鸯对于爱情的忠贞。这一意象从唐朝起广泛出现于诗文中，比如"丹丘万里无消息，几对梧桐忆凤凰""人传郎在梧桐树，妾愿将身化凤凰"。汉乐府《孔雀东南飞》中焦仲卿、刘兰芝双双殉情之后，两家人"东西植松柏，左右种梧桐。枝枝相覆盖，叶叶相交通。"在传统文化和古代文学作品中，梧桐渐渐成为忠贞爱情的符号。唐代孟郊《女操》诗有"梧桐相待老，鸳鸯会双死"；贺铸《鹧鸪天》有"梧桐半死青霜后，头白鸳鸯失伴飞"。

"栽下梧桐树，引来金凤凰"，梧桐树高大，枝繁叶茂，其文学意象与其他植物意象相比，文化内涵更为丰富，也更复杂。梧桐象征祥瑞、忠贞、高洁、离愁和悲伤等。

保护现状

世界自然保护联盟濒危物种红色名录（IUCN红色名录）：未评估（NE）。

百木汇成林　树王聚金陵

金陵树王

秤锤树

秤锤树王位于南京市玄武区明孝陵景区梅花山茶园（N 32°3'11"、E 118°50'16"）。树王有 7 个分枝，冠幅可达 8 米，树高 6 米；树龄约 80 年，健康状况良好。树王与梅花相伴，却不与梅花争艳，静若处子；只待梅花谢尽，才慢慢揭开面纱，露出娇容：春花如雪，冰心如玉，果如秤锤，这就是树王。

花

秤锤树

学名 *Sinojackia xylocarpa* Hu

别名 捷克木、秤砣树

科属 安息香科（Styracaceae）秤锤树属（*Sinojackia*）

形态特征

落叶灌木或小乔木，高达 7 米，胸径达 10 厘米。嫩枝密被星状短柔毛，灰褐色，生长后呈红褐色而无毛，表皮常呈纤维状脱落。叶纸质，倒卵形或椭圆形，长 3~9 厘米，宽 2~5 厘米，顶端急尖，基部楔形或近圆形，边缘具硬质锯齿，生于具花小枝基部的叶卵形而较小，长 2~5 厘米，宽 1.5~2 厘米，基部圆形或稍心形，两面除叶脉疏被星状短柔毛外，其余无毛，侧脉每边 5~7 条；叶柄长约 5 毫米。总状聚伞花序生于侧枝顶端，花 3~5 朵，白色；花梗柔弱而下垂，疏被星状短柔毛，长达 3 厘米；萼管倒圆锥形，高约 4 毫米，外面密被星状短柔毛，萼齿 5，少 7，披针形；花冠裂片长圆状椭圆形，顶端钝，长 8~12 毫米，宽约 6 毫米，两面均密被星状茸毛；雄蕊 10~14 枚，花丝长约 4 毫米，下部宽扁，联合成短管，疏被星状毛，花药长圆形，长约 3 毫米，无毛；花柱线形，长约 8 毫米，柱头不明显 3 裂。果实卵形，似秤锤，连喙长 2~2.5 厘米，宽 1~1.3 厘米，红褐色，有浅棕色的皮孔，无毛；顶端具圆锥状的喙，外果皮木质，不开裂，厚约 1 毫米；中果皮木栓质，厚约 3.5 毫米；内果皮木质，坚硬，厚约 1 毫米。种子 1 颗，长圆状线形，栗褐色，内含细柱形种胚 1~3 枚。花期 3~4 月，果期 10 月。

果实

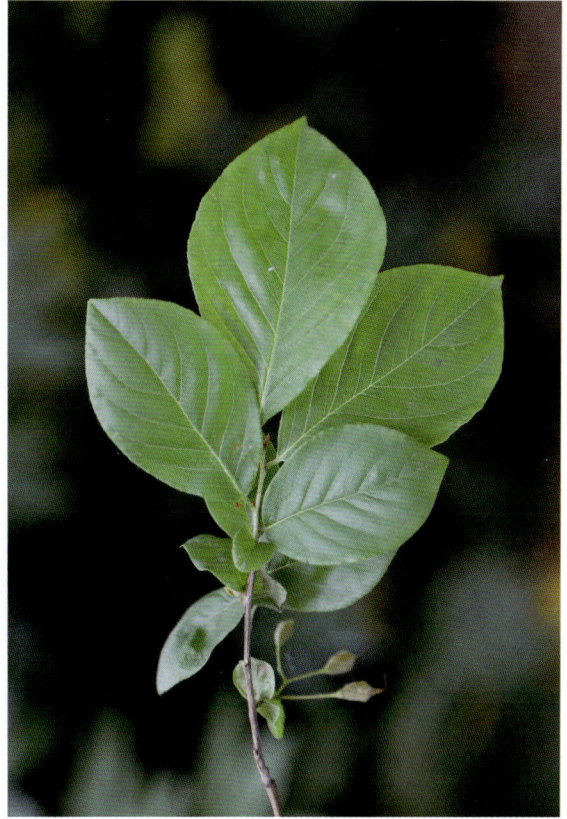

叶

分布范围

秤锤树于南京幕府山首先被发现并命名，但幕府山秤锤树野生资源因开山采石已经灭绝。秤锤树曾被认为是南京特有种，但后续发现在安徽、江西、湖北、河南、浙江等地亦有自然分布，现江苏南京江浦、句容宝华山、连云港云台山等地均有自然分布种群。杭州、上海、武汉、青岛、郑州、济南、北京等地有栽培。

生态习性

喜光，幼树稍耐庇荫；在深厚、疏松、肥沃、呈微酸性、排水良好的土壤上生长良好，亦耐干旱贫瘠；耐寒性强。偶见于次生落叶阔叶林林缘或疏林中。

主要用途

枝繁叶茂，叶色苍翠浓绿，初夏满树盛开雪白色小花，洁白无瑕、高雅脱俗，具清香。果似秤锤，随风摇曳，令人赏心悦目。通过修剪，能被塑造成各式各样的艺术造型，如乔木状、灌木状、盆景、树篱，适宜公园、庭院栽培。秤锤树花中含有多种有益成分，可作茶饮；其枝叶中含有一些抗菌物质，可作药用。

树木文化

秤锤树是胡先骕先生根据秦仁昌先生 1927 年在南京幕府山采集的模式标本而定名的，因此对南京意义非凡。秤锤树属是我国特有的少种属，也是我国植物学家发表的第一个新

树皮

属。每逢春末夏初，南京明孝陵、鼓楼、燕子矶、南京林业大学、中山植物园的秤锤树争相开花。花朵雪白清新，随着微风在枝叶间轻舞，灵动而飘逸，触发了文学爱好者的创作热情。有诗赞美称："不觉四月已过半，钟山到处春盎然。谢了梅樱海棠花，雅致秤锤花上线。雪白清新多灵动，黄色雄蕊缀其间。特有树种在钟山，珍贵花朵美自然。"花开季节，越来越多的南京人走出家门，去寻觅心中美丽而神秘的秤锤树。

在中国几千年的历史长河中，中国人民用自己的智慧和勤劳创造出了独具特色的中华优秀传统文化。古往今来，"秤锤"与劳动人民的生产生活息息相关，被赋予了太多丰富的内涵，承载着岁月的痕迹、历史的沉淀，寓意深刻。秤锤树的果实酷似杆秤的秤锤，"山间一棵秤锤树，人心一杆天平秤。"在中国传统文化中，秤代表公平公正，不偏不倚，光明磊落，无限正义，因此秤锤树也被称为"公平之花"。"秤"和"称"又是谐音字，称心如意是人们永恒的追求，美丽而优雅的秤锤树花也象征婚姻幸福美满、家庭和谐。

保护现状

《国家重点保护野生植物名录》（2021）：二级。

世界自然保护联盟濒危物种红色名录（IUCN 红色名录）：濒危（EN）。

百木汇成林　树王聚金陵

金陵树王

海桐

海桐树王位于南京市高淳区桠溪镇大山村（N 31°24'55.14″、E 119°4'35.96″）。胸径 21/24 厘米，树高 6 米，冠幅 5 米；树龄约 600 年，健康状况良好。高淳芮家作为金陵名门望族，历史自然久远！与芮家宗祠相伴的柞木和海桐都是几百年的"寿星"！"寿星"见证着芮家族人的繁衍，又映衬出大山村悠久的历史和深厚的文化底蕴。与柞木生长于路边不同，海桐本是园中角落景物，但却努力向上，誓要探出头来眺望墙外的风景，果不其然，她成功了！搭在古墙之上，并与之相融于一体，掩映着砖雕、木门，清新而不失典雅！

海桐

学名 *Pittosporum tobira*（Thunb.）W. T. Aiton

别名 海桐花、山矾、七里香、宝珠香、山瑞香

科属 海桐科（Pittosporaceae）海桐属（*Pittosporum*）

形态特征

常绿灌木或小乔木，高可达 6 米。嫩枝被褐色柔毛，有皮孔。叶聚生于枝顶，2 年生叶革质，嫩时上下两面有柔毛，倒卵形，长 4~7 厘米，宽 1.5~4 厘米，上面深绿色、光亮，干后暗晦无光；先端圆或钝，凹入或微心形，基部窄楔形，侧脉 6~8 对，在靠近边缘处相结合，有时因侧脉间的支脉较明显而呈多脉状，网脉稍明显，网眼细小，全缘，干后反卷，叶柄长达 2 厘米。伞形花序顶生或近顶生，密被黄褐色柔毛，花梗长 1~2 厘米；苞片披针形，长 4~5 毫米；小苞片长 2~3 毫米，均被褐色柔毛。花白色，有芳香，后变黄色；萼片卵形，长 3~4 毫米，被柔毛；花瓣倒披针形，长 1~1.2 厘米，离生；雄蕊二型，退化雄蕊花丝长 2~3 毫米，花药近于不育；发育雄蕊花丝长 5~6 毫米，花药长 2 毫米，黄色；子房长卵形，密被柔毛，侧膜胎座 3 个，胚珠多数，2 列着生于胎座中段。蒴果球形，有棱或三角状，径 1.2 厘米，子房柄长 1~2 毫米，3 瓣裂，果瓣厚 1.5 毫米。种子多数，长 4 毫米，红色。花期 3~5 月，果期 9~10 月。

幼果

伞形花序

成熟果

分布范围

分布于长江以南滨海各省份，内地多为栽培。朝鲜、日本也常见栽培。

生态习性

喜光，耐寒冷、暑热，以半阴地生长最佳；黄河流域以南，可在露地安全越冬；在黏土、砂土及轻盐碱土上均能正常生长；对二氧化硫、氟化氢、氯气等有害气体抗性强。

主要用途

树冠球形，枝叶繁茂，叶色浓绿而光滑油亮；初夏花朵清丽芳香，入秋果实开裂露出红色种子，颇为美观。通常作绿篱，也可孤植、丛植等，也可用作海岸防潮林、防风林及矿区绿化。海桐耐修剪，可制各种造型树。根、叶、皮、种子均可入药，根具有祛风活络、散瘀止痛的功效，叶有解毒、止血功效；种子可涩肠固精。

树木文化

海桐这个名称来源于古籍《花镜》，在《中国植物志》中确定为正式中名。中药材里有"海桐皮"，常常被误以为是"海桐"植物的皮，但事实并非如此。据祁振声等考证，产"海桐皮"的"海桐"是西晋郭义恭《广志》始记载的传统中药植物，至少已有1700多年的历史，实为豆科植物刺桐的干燥树皮，其药用部位为枝皮、树皮或根皮，故有些本草著作称"海桐皮"。

"繁雪落碧丛，蜂蝶不肯离。红果蔟蔟缀，天赐宝珠香"。每到暮春夏至时节，海桐花开，那娇小别致的白色花朵，散发着淡淡清香，随微风扑鼻而来，沁人心脾，正如南宋诗人陆游所说"山鹊喜晴当户语，海桐带露入帘香"。从古到今，海桐颇耐暑寒，四季常青，暮春时节绽放的花朵及别具一格的花香深受人们喜爱。清朝丘逢甲诗云："云壑风泉入画图，水帘亭畔客怀孤。海桐花发山桑熟，细雨春林叫鹁鸪。"宋朝张孝祥诗曰："童童翠盖拥天香，穷巷无人亦自芳。能致诗豪四公子，不教辜负好风光。"用"童童翠盖拥天香"把海桐叶子聚生枝顶和独特香气形容得非常贴切。海桐作为庭院观赏植物，较为常见，即使在古代也是如此，常伴人们左右。文人常以此为题材，寄托特定的情感。清朝马宗琏诗云："蛮烟瘴雨倍思家，汲水闲烹顾渚茶。似到秋深无客至，海桐花放日西斜"，表达了对时光流逝的感慨和对家乡的思念。清朝董元恺曰："簪钱年纪只些些。垂鬟鬖未鸦。别来几度海桐花。窗前细认他。奁镜畔，绣帘遮。妆成覆额纱。一枝春色落谁家。眉边散晓霞。"近现代吴妍因诗云："海桐窗下听哀筝，犹是乡亲聚一家。何似江南亡命客，等闲不看隔墙花。"海桐不只花美，深秋初冬时节，红色种子在蒴果开裂后露出，又呈现出别样的姿态。历史上一些地方还有种习俗，结婚，小孩满月、周岁或老人做寿时，将海桐连同翠柏枝叶一起用红头绳扎在"订婚六样"等物品上以示吉祥喜庆，名曰"万年青柏"，红绿相间，煞是好看。

海桐花语是"记住我"，表达朋友或恋人分别时的不舍；海桐也象征着自重和感恩。

保护现状

世界自然保护联盟濒危物种红色名录（IUCN 红色名录）：未予评估（NE）。

百木汇成林　树王聚金陵

金陵树王

日本樱花

秋叶

花

樱花树王实为'染井吉野'品种，位于南京市玄武区龙蟠路 159 号南京林业大学樱花大道（N 32°5′1.03″、E 118°49′15.53″）。胸径 45 厘米，树高 11 米，冠幅 12.5 米，枝下高 1.6 米；树龄约 60 年，健康状况一般。南京城中的樱花名气最大的就是南京林业大学的樱花大道！老一辈南林人沿老图书馆南侧主干道两侧种植樱花，没想到这就成了学校春天的名片！历经几代人的不断升级和改造，南京林业大学已经拥有了几条樱花大道！花开时节，漫天飞舞，妩媚娇艳，蔚为壮观，人们流连于樱花树下，或为观花，或为留影，总要记录着人、花和春天的故事！时光流逝，春去春会来，花落花再开！樱花树下留下学子们的欢声笑语，留下串串的印记！这就是南京林业大学校园，如今，这里已经成南京城网红打卡地，你来了吗！但愿，明年春天樱花树下能见到你的倩影！让我们相约春天，相约樱花，相约南林吧。

日本樱花

学名　*Prunus yedoensis*（Matsum.）Yu et Li
别名　东京樱花、江户樱花
科属　蔷薇科（Rosaceae）樱属（*Prunus*）

形态特征

　　落叶乔木，高 4~16 米，树皮灰色。小枝淡紫褐色，无毛，嫩枝绿色，被疏柔毛。冬芽卵圆形，无毛。叶片椭圆状卵形或倒卵形，长 5~12 厘米，宽 2.5~7 厘米，先端渐尖或骤尾尖，基部圆形，稀楔形，边有尖锐重锯齿，齿端渐尖，有小腺体，上面深绿色，无毛，下面淡绿色，沿脉被稀疏柔毛，有侧脉 7~10 对；叶柄长 1.3~1.5 厘米，密被柔毛，顶端有 1~2 个腺体或有时无腺体，托叶披针形，有羽裂腺齿，被柔毛，早落。伞形总状花序，总梗极短，有花 3~4 朵，先叶开放，花直径 3~3.5 厘米；总苞片褐色，椭圆卵形，长 6~7 毫米，宽 4~5 毫米，两面被疏柔毛；苞片褐色，匙状长圆形，长约 5 毫米，宽 2~3 毫米，边有腺体；花梗长 2~2.5 厘米，被短柔毛；萼筒管状，长 7~8 毫米，宽约 3 毫米，被疏柔毛；萼片三角状长卵形，长约 5 毫米，先端渐尖，边有腺齿；花瓣白色或粉红色，椭圆卵形，先端下凹，全缘二裂；雄蕊约 32 枚，短于花瓣；花柱基部有疏柔毛。核果近球形，直径 0.7~1 厘米，成熟时黑色，核表面略具棱纹。花期 3~4 月，果期 5~6 月。

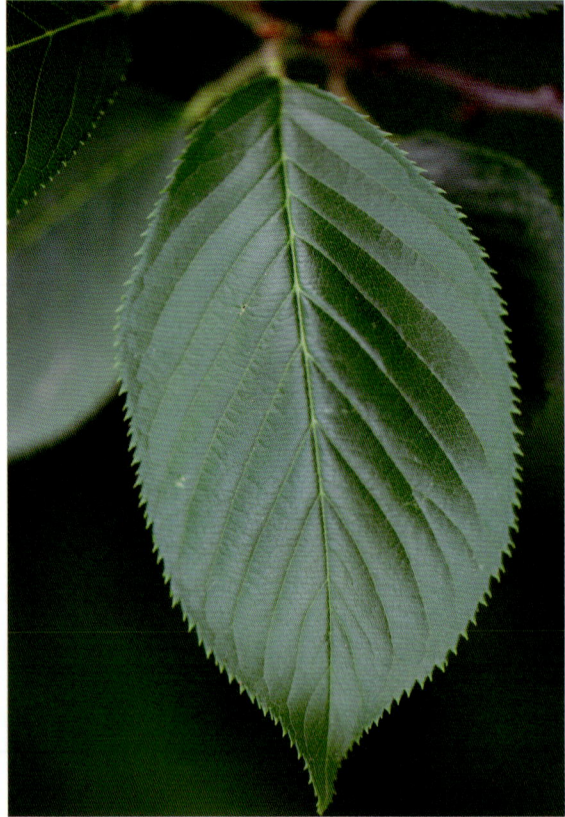

树皮   叶

分布范围

与日本同纬度的地区及我国北京、西安、青岛、南京、武汉、南昌等城市均有栽培。

生态习性

喜光、喜温、喜湿、喜肥树种，适合在年平均气温 10~12℃条件下生长。可在土层深厚、土质疏松、透气性好、保水能力较强的砂壤土或砾质壤土上栽培，不宜在土质黏重的土壤中栽种；对土壤盐渍化反应很敏感，不宜在盐碱地区种植。

主要用途

花期早，先叶开放，花粉红色，着花繁密，可孤植或群植于庭院、公园、草坪、湖边或居住小区等处。花瓣具有药用价值，可止咳解酒；其叶可制作成干燥盐渍樱叶，用于泡茶或制作甜点，保护肠胃健康。

树木文化

樱花起源于中国。据日本权威著作《樱大鉴》记载，樱花原产于喜马拉雅山脉。被人工栽培后逐步传入我国长江流域、西南地区和台湾。2000 多年前的秦汉时期，樱花已在中国宫苑内栽植。唐朝时，樱花已普遍出现在私家庭院。当时万国来朝，日本朝拜者将樱花带回了东瀛，其在日本已有 1000 多年的栽培历史。樱花在我国古代记载并不多见，文字记载

果实

的"樱"多指樱桃。如《史记·列传三十九》记载，孝惠帝曾春出游离宫，叔孙生曰："古者有春尝果，方今樱桃孰，可献，愿陛下出，因取樱桃献宗庙。"汉朝时，"樱桃"一词已经形成而且有了"取樱桃献宗庙"一说。樱桃的花和花期与樱花极其相似，因此我国古代常把樱桃与樱花混为一个种，也有好多描写樱花的诗词。南朝沈约的《早发定山》中写道："野棠花未落，山樱发欲然"，此处的山樱指山樱桃。李时珍《本草纲目》中记载山樱桃："树如朱樱，但叶长尖不团，子小而尖，生青熟黄赤，亦不光泽，而味恶，不堪食。实气味辛平无毒。"从现代分类学来看，山樱是樱花的一种，花开春季，花色红或白。在诗人眼里，山樱是春天的象征，如南北朝萧琩的"涧水初流碧，山樱早发红"、隋朝杨广的"海榴舒欲尽，山樱开未飞"、唐羊士谔的"洛阳归客滞巴东，处处山樱雪满丛"。"樱花"一词最早见于唐朝李商隐的诗："何处哀筝随急管，樱花永巷垂杨岸。"尽管繁花相互竞逐，从樱花盛开的深巷、柳丝低亚的河岸边传出，画面美而凄清，似可窥见诗人对不幸遭际的失意之感。唐朝诗人白居易写有"小园新种红樱树，闲绕花枝便当游"的诗句，则借园中红樱表达自得其乐的情怀。

樱花传入日本，则勾起了日本人的无限爱怜，被奉为国花，而且逐渐成为一种固定的审美意象：日本人将樱花看作是春天的化身、花的神灵。日本语中的"樱时"（古语），意思就是"春天的时节"。每当春天来临，人们最关注的是樱花一年一度的花开花落。樱花盛放时，花团锦簇，堆云叠雪，如云似霞，满树烂漫。清政府驻日外交官黄遵宪写下《樱花歌》："墨江泼绿水微波，万花掩映江之沱。倾城看花奈花何，人人同唱樱花歌……花光照海影如潮，游侠聚作萃渊薮……十日之游举国狂，岁岁欢虞朝复暮"，写尽日本人春日赏樱时举国若狂的盛况。樱花的美，美在当它盛开时满树的丰盈，花儿密集地抱在一起，结结实实，密不透风。但花期又过于短暂，历来有"樱花七日"的说法。一个晚上，大风吹来，满树的花一下子就凋谢了。《古今和歌集》卷二纪友则《樱花散落》有云："大地天光照，春时乐事隆，此心何不静，花落太匆匆。"花开花落，让人伤感无限。樱花的这一特点与日本传统文化推崇的生死观是契合的。在日本人的心目中，与"生时的辉煌"相比，"死时的尊严"更受崇敬。日本人认为人生短暂，活着就要像樱花一样灿烂，即使死也该像落樱一样果断离去，不带一丝犹豫。

日本赏樱习俗源于奈良时代的花祭、花会、花宴和花舞等。从平安时代起，赏樱作为京都宫廷贵族的一种娱乐方式而流行。随着日本经济的迅速发展和平民百姓生活水平的提高，赏樱便成为从宫廷到民间约定俗成的最大乐趣。每年3月15日至4月15日是"樱花祭"。

20世纪中叶，南京、武汉等地相继引种日本樱花。南京最佳赏樱地当属南京林业大学新庄校区，每逢樱花盛开，校园对外开放，成千上万市民慕名而来，流连赏樱，雅趣无穷。

樱花寓意生命、幸福与希望。

保护现状

世界自然保护联盟濒危物种红色名录（IUCN 红色名录）：未评估（NE）。

百木汇成林　树王聚金陵

金陵树王

木香花

木香花王位于南京市秦淮区长乐路 9 号江苏电信实业集团（N 32°1′19″、E 118°46′33″）。地径 64 厘米，有三大分枝，树高 5 米，冠幅 8 米；树龄约 170 年，健康状况良好。金陵四月百花争艳，唯有木香花花开满树，香气浓郁；树如其名，离树百米之外，便可闻到其芳香之气。木香花王种植于清朝咸丰年间，曾是太平天国某王府府邸花园之物，想必当年也颇受王爷垂爱。时过境迁，王爷早已成为历史，但木香却承袭着王府的气质，成为了木香之中的王者。

木香花

学名 *Rosa banksiae* Aiton

别名 七里香、木香、金樱、小金樱、
十里香、木香藤

科属 蔷薇科（Rosaceae）蔷薇属（*Rosa*）

形态特征

攀缘小灌木，高可达 6 米。小枝圆柱形，无毛，有短小皮刺；老枝上的皮刺较大，坚硬，经栽培后有时枝条无刺。小叶 3~5，稀 7，连叶柄长 4~6 厘米；小叶片椭圆状卵形或长圆状披针形，长 2~5 厘米，宽 0.8~1.8 厘米，先端急尖或稍钝，基部近圆形或宽楔形，边缘有紧贴细锯齿；叶片上面无毛，深绿色，下面淡绿色，中脉突起，沿脉有柔毛；小叶柄和叶轴有稀疏柔毛和散生小皮刺；托叶线状披针形，膜质，离生，早落。花小型，聚伞花序，花直径 1.5~2.5 厘米；花梗长 2~3 厘米，无毛；萼片卵形，先端长渐尖，全缘，萼筒和萼片外面均无毛，内面被白色柔毛；花瓣重瓣至半重瓣，白色，倒卵形，先端圆，基部楔形；心皮多数，花柱离生，密被柔毛，比雄蕊短很多。花期 4~5 月。

木香花变种主要有大花白木香（*Rosa banksiae × laevigata*）、单瓣白木香（*Rosa banksiae* var. *normalis*）、黄木香花（*Rosa banksiae* f. *lutea*）、单瓣黄木香（*Rosa banksiae* f. *lutescens*）等。单瓣白木香花香味浓，重瓣白木香花香味最浓；大花白木香为重瓣，花大，花径达 6 厘米，花单生或 2 朵并生，花梗具刚毛，花期较普通木香晚 10 天左右，香味较浓；单瓣黄木香花不香；重瓣黄木香花香味较淡。重瓣花发育不良，不能结实，单瓣花结球形果实，萼片脱落，直径 0.5 厘米左右，10 月成熟后红色。

分布范围

分布于四川、云南等地，生于海拔 500~1300 米溪边、路旁或山坡灌丛中，全国各地均有栽培。

生态习性

喜温暖、湿润和阳光充足的环境，耐寒冷和半阴，不耐水湿，忌积水。地栽可植于向阳、无积水处，对土壤要求不严，耐干旱、耐瘠薄，但在疏松肥沃、排水良好的土壤中生长更好。栽培管理粗放，病虫害少，萌发力强，耐修剪，枝条生长旺盛，成型快。

主要用途

木香花以花香而著称，是我国南北园林中应用较多的一种攀缘藤本植物。花开时节，洁白或米黄色的花朵镶嵌于绿叶之中，白如垂瀑，黄若披锦，散发出浓郁的芳香，沁人心脾；夏季，茂密的枝叶又为人们遮挡毒辣的烈日，带来片片阴凉。木香花可攀缘于棚架，也可作为垂直绿化材料，攀缘于墙垣、花篱或河道堤岸。家庭可将其植于庭院、阳台或屋顶、天台等处，具有很好的装饰效果。木香花老干红棕色，干皮条状剥落，颇有特色，生长多年的木

花

香树干虬曲古雅；还可作砧木，嫁接月季花，用于制作盆景或培养树状月季，极大地改善了月季花的造型，呈现出立体的观赏效果。

木香花是一种天然的空气净化器，它能够吸收空气中的有害气体，净化空气。木香花香味醇正，带有甜香，半开时可摘下熏茶，用白糖腌渍后制成木香花糖糕。木香花可用来酿蜜，制作羹汤。花含芳香油，可供配制香精化妆品，现今市面上许多化妆品中都有它的成分。白木香的根皮和叶可入药，具有收敛、止痢、止血功效。

树木文化

历史上，不少文人墨客十分喜爱木香花。明朝文人王象晋在《群芳谱》中写道："香馥清远，高架万条，望若香雪。"短短十二个字生动形象地描绘出木香花的独特之处。素白锦簇的花团爬满高高的棚架，散发着雅而不淡的独特花香，蜿蜒垂下的枝条犹如飞雪瀑布般倾泻而下，气势磅礴，不带一丝尘土，十分壮观。在宋朝词人张元干的心中，木香花却"比似雪时犹带韵"，更给人一种清雅峻洁之感。相比春日烂漫的樱花、娇艳的桃花等情感强烈的花，木香花有态含情、清香芬芳，具有超凡脱俗的气韵。也因如此，宋朝词人黄裳将其"把作寒梅看"，认为木香堪比梅花。北宋文学家、画家张舜民的《木香花》以花寄情，表达出心中无尽的思念之情："庭前一架已离披，莫折长枝折短枝。要待明年春尽后，临风三嗅寄相思。"

中国当代作家汪曾祺先生在《木香花》文里曾提及过"昆明木香花极多"。原来，早先他与好友到昆明莲花池散步时遇雨，便到酒馆躲避，意外看到院里很大一架盛开的木香花被

花

雨水渐渐淋透，深深浅浅，让人不禁生发出绵长的思绪。这番景象就此深深地印在他的脑海里，以至40年后仍要为此赋诗一首："莲花池外少行人，野店苔痕一寸深。浊酒一杯天过午，木香花湿雨沉沉。"木香花盛花期，会遇上谷雨时节的绵绵细雨，一夜时光便落英遍地，只显绿茵本色。正如诗中所说："木香花开易韶华，千古流芳自淡雅。最是人间留不住，清香满庭散天涯。"但不管盛放还是凋零，木香花的春色和沁人芳香早已将时光浸染得更为雅致与厚实，让人们对春天有了更多感触与思考。

木香花寓意丰富，常被用于表达与爱人、亲人、友人等离别后思念的情感，也承载着渴望和平、家庭和睦等美好愿望，还蕴含着英勇无畏的精神。

保护现状

世界自然保护联盟濒危物种红色名录（IUCN 红色名录）：未予评估（NE）。

百木汇成林　树王聚金陵

金陵树王

槐

槐树王位于南京市六合区龙袍街道赵坝村东徐组（N 32°13′43″、E 119°00′49″）。胸径 78 厘米，树高 10 米，冠幅 7.5 米，枝下高 2.5 米；树龄约 90 年，健康状况一般。龙袍街道历史悠久，地名的确立与长江沙洲和古代帝王将相轶事有关，属文化底蕴浓厚的古镇。槐树王生长于滁河通往长江的堤坝上，南望长江，看江水滔滔东去，北观龙袍古镇，纵览世间百态。

槐

学名 *Styphnolobium japonicum*（L.）Schott

别名 国槐、槐树、槐蕊、豆槐、白槐、细叶槐、金药树、护房树、家槐

科属 豆科（Fabaceae）槐属（*Styphnolobium*）

形态特征

落叶乔木，高达 25 米。树皮灰褐色，具纵裂纹，当年生枝绿色。羽状复叶长 15~25 厘米，小叶 7~15，对生或近互生，纸质，卵状长圆形或卵状披针形，长 2.5~6 厘米，宽 1.5~3 厘米，先端渐尖，具小尖头，基部圆或宽楔形，上面深绿色，下面苍白色，疏被短伏毛后无毛；小托叶 2 枚，钻状，宿存。圆锥花序顶生，常呈金字塔形，长达 30 厘米；花梗长 2~3 毫米，花冠乳白色或黄白色；雄蕊近分离，宿存；子房近无毛。荚果串珠状，长 2.5~5 厘米或稍长，径约 1 厘米，中果皮及内果皮肉质，不裂，具 1~6 粒种子，种子间缢缩不明显，排列较紧密。种子卵圆形，淡黄绿色，干后褐色。花期 6~7 月，果期 8~10 月。

分布范围

原产中国，常见华北平原及黄土高原海拔 1000 米地带，现南北各省份广泛栽培，北自辽宁、河北，南至广东、台湾，东自山东，西至甘肃、四川、云南。日本、越南、朝鲜也有分布，欧洲、美洲各国均有引种。美国已将其列为外来入侵植物。

荚果

花序

树皮

羽状复叶

生态习性

喜光，稍耐阴，耐旱而不耐阴湿，在低洼积水处生长不良；深根性，对土壤要求不严，较耐瘠薄，石灰及轻度盐碱地上也能正常生长。但在湿润、肥沃、深厚、排水良好的砂质土壤上生长最佳。槐对二氧化硫、氯气等有害气体有较强的抗性，耐烟尘。寿命长，但在南京易受蛀干害虫危害，寿命短。

主要用途

树干挺拔，树姿优美，枝叶茂密，绿荫如盖，秋叶金黄，是北方（淮安、宿迁以北）城乡良好的遮阴树和行道树，又是优良的防风固沙和用材树种。花芳香，为优良的蜜源植物，果肉可入药，也可食用，有清热凉血、清肝泻火、止血的功效。

树木文化

槐蕴藏着厚重的文化底蕴。早在黄帝时期，"槐"就作为姓氏世代相传。黄梅戏《天仙配》中，董永和七仙女以槐为媒，永结伉俪。"问我家乡在何处，山西洪洞大槐树"中"大槐树"是祖先居住之地的一种象征。这首几百年来一直传唱的歌谣，是千百年来中国"移民"文化的真实写照。先民移民落户建庄时，通常植槐以作纪念；人们祭祖时，常在祭坛周围栽植槐树，所以祭拜古槐成为表达故土情结、崇拜祖先的一种形式，槐树也就自然成为古代迁民怀祖的寄托。

古槐的枝干古朴、苍劲，常被奉为"神树"。槐树以其特有的自然形象和丰富的文化内涵，为寺庙等宗教场所增添了庄严肃穆、优雅别致的意味，烘托了空灵脱俗、亦妙莫测的氛围。周朝时，槐树与朝野有着密切的关系，朝廷宫殿外种植有三槐九棘，公卿大夫分坐其下以定名分，太师、太傅、太保三公常常立于槐下朝觐天子。后人就用"三槐"比喻"三公"，以槐位指三公之位，槐因而成为宫廷符号、官位别称。清朝河北《文安县志》记载："古槐，在戟门西，清同治十年东南一枝怒发，生色宛然，观者皆以为科第之兆。"槐树也是科举吉兆的象征、莘莘学子心目中的偶像。读书人常在居所栽植槐树以自我激励，以求科举中第。人们也常以槐指代科考，考试的年头称"槐秋"，举子赴考称"踏槐"，考试的月份称作"槐黄"。

槐树象征着吉祥和祥瑞，古人也常用槐来祈求安家保宅、多福多寿。

保护现状

世界自然保护联盟濒危物种红色名录（IUCN 红色名录）：未予评估（NE）。

金陵树王

黄檀

黄檀树王位于南京市浦口区老山林场平坦分场（N 32°3′8″、E 118°30′36″）。胸径 40 厘米，树高 15 米，冠幅 7 米；树龄超过 100 年，健康状况良好。说起黄檀，乍一看，树皮与三角枫的树皮颇有几分相似，同是薄片状剥落，但叶、花、果均有不同，尤其早春时节黄檀还是比较"贪睡"的，俗名"不知春"就是黄檀最真实的写照，三四月的江南已是百木复苏的时节，但黄檀却没有一丝动静，待到五六月他"睡醒"之后，一个月的时间内，就会开花结实了，实则不鸣则已一鸣惊人，这就是黄檀！老山林场平坦分场的这株黄檀树王生长健壮，高大威猛，虽饱经风霜，但依然正值壮年！

黄檀

学名　*Dalbergia hupeana* Hance

别名　不知春、望水檀、檀树、檀木、上海黄檀

科属　豆科（Fabaceae）檀属（*Dalbergia*）

形态特征

落叶乔木，高 10~20 米。树皮暗灰色，呈薄片状剥落。幼枝淡绿色，无毛。羽状复叶，长 15~25 厘米；小叶 3~5 对，近革质，椭圆形至长圆状椭圆形，长 3.5~6 厘米，宽 2.5~4 厘米，先端钝或稍凹入，基部圆形或阔楔形，两面无毛，细脉隆起，上面有光泽。圆锥花序顶生或生于最上部的叶腋间，连总花梗长 15~20 厘米，径 10~20 厘米，疏被锈色短柔毛；花密集，长 6~7 毫米；花梗长约 5 毫米，与花萼相同疏被锈色柔毛；基生和副萼状小苞片卵形，被柔毛，脱落，花萼钟状，长 2~3 毫米，萼齿 5，上方 2 枚阔圆形，近合生，侧方的卵形，最下一枚披针形，长为其余 4 枚之倍；花冠白色或淡紫色，长于花萼，各瓣均具柄，旗瓣圆形，先端微缺，翼瓣倒卵形，龙骨瓣关月形，与翼瓣内侧均具耳；雄蕊 10 枚，二体雄蕊（5+5）；子房具短柄，除基部与子房柄外，无毛，胚珠 2~3 粒，花柱纤细，柱头小，头状。荚果长圆形或阔舌状，长 4~7 厘米，宽 13~15 毫米，顶端急尖，基部渐狭成果颈，果瓣薄革质，有 1~2（3）粒种子。种子肾形，长 7~14 毫米，宽 5~9 毫米。花期 5~7 月，果期 8~10 月。

果

叶与圆锥花序

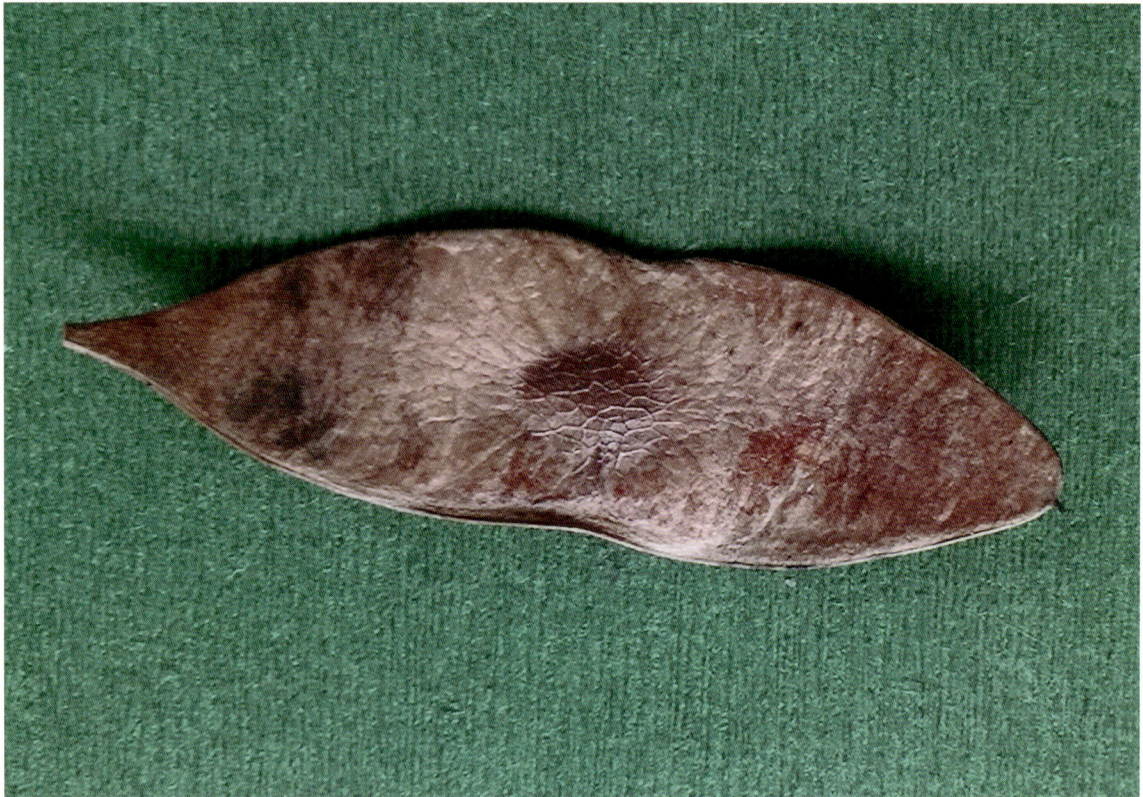

荚果

分布范围

产山东、江苏、安徽、浙江、江西、福建、湖北、湖南、广东、广西、四川、贵州、云南，生于山地丘陵林中或灌丛中，山沟溪旁及有小树林的坡地常见。

生态习性

喜光树种，深根性，耐干旱瘠薄，对立地条件要求不严，但忌盐碱，在陡坡、山脊、岩石裸露、干旱瘠瘦的环境均能生长，但以在深厚湿润、排水良好的土壤生长较好；萌芽力强，具根瘤，能固氮。

主要用途

可作庭荫树、风景树、行道树，也是荒山荒地绿化的先锋树种。木材黄色或白色，材质坚密，能耐强力冲撞，优质用材树种，常用作车轴、榨油机轴心、枪托、各种工具柄等。根皮入药，具有清热解毒、止血消肿等功效，民间用于治疗急慢性肝炎、肝硬化腹水。

树木文化

"人不知春鸟知春，鸟不知春草知春。"每当大地回暖、春风拂面之时，草木皆感知到春的讯息，生机萌动，不多久便是一派"草树知春不久归，百般红紫斗芳菲"的美丽景象。在其他树木早已枝繁叶茂、满目葱茏之时，黄檀的枝头仍然光秃秃的，不愿发芽，更不肯开花，所以别称"不知春"，有些地方也称"傲春檀"。其实黄檀一般5月下旬甚至到6月

树皮

初芒种前后方才吐芽，不仅发叶迟，还落叶早，生长期仅有4个多月。如汉朝思想家王充所言："檀树以五月生叶，后彼春荣之木。"明朝农学家工象晋在《群芳谱》一书中记载："望水檀者，春枯而夏荣，黄梅过方舒叶，既开则水定。"在民间，黄檀也是"气象树"中的一员，人们通过观察黄檀发芽早与晚、叶子是否脱落或变色等情况预测气象。北宋药物学家、植物学家苏颂在其《图经本草》中述："檀木生江淮及河朔山中，其木作斧柯者，也檀香类，但不香耳。至夏有不生者，忽然叶开，当有大水。农人候之，以测水旱，号为水檀。"如今浙

江省金华市磐安县盘山区法庭大门口还有一棵黄檀树，如当年干旱，黄檀树就会推迟发芽。黄檀预测气象作用，对于农民而言无疑是非常重要的。

"黄檀六七里，绿竹两三家。"黄檀是极常见的树种，2000多年前的古人就了解黄檀的生物学特性，而且对其材性也有充分认知。《诗经·魏风·伐檀》中有对砍伐檀树的记载："坎坎伐檀兮，置之河之干兮。河水清且涟猗。"黄檀木坚韧、致密，材色美观悦目，是珍贵的硬木用材，可作各种负重力及拉力强的用具及器材，在古代十分贵重。唐朝白居易《中和日谢恩赐尺状》中述："况以红牙为尺，白银为寸，美而有度，焕以相宣。"这里的"红牙"即为檀的别名，足以说明檀木的厚重与珍贵。

黄檀寓意坚韧与永恒。

保护现状

世界自然保护联盟濒危物种红色名录（IUCN 红色名录）：近危（NT）。

百木汇成林　树王聚金陵

金陵树王

石榴

石榴树王位于南京市高淳区固城街道花山玉泉寺内（N 31°16′30.25″、E 118°58′21.22″）。地径 54 厘米，高 4.6 米，冠幅 6.8 米；树龄约 388 年，健康状况一般。高淳玉泉寺坐落在"五虎卧地"花山，寺庙不大，但历史却可以追溯至南北朝时期，是高淳境内唯一保存下来的古佛寺。寺庙以泉为名，以白牡丹花著称。探寻寺庙，清泉叮咚，宝地聚气，古牡丹已不得而见，是否'凤丹'更难以考证，但寺中生长的石榴却成为寺庙历史的见证者。古寺石榴，生长健壮，枝干挂红，花开满树，秋季结仔。信佛之人，树下打坐，或参佛意，或悟人生，一籽石榴入口，酸酸甜甜，食之有味，心中有佛，却也是极乐之事。

石榴

学名 *Punica granatum* L.

别名 安石榴、花石榴、山力叶、若榴木、丹若

科属 千屈菜科（Lythraceae）石榴属（*Punica*）

形态特征

落叶灌木或小乔木，高通常 3~5 米，稀达 10 米。枝顶常成尖锐长刺，幼枝具棱角，无毛，老枝近圆柱形。叶通常对生，纸质，矩圆状披针形，长 2~9 厘米，顶端短尖、钝尖或微凹，基部短尖至稍钝形，上面光亮，侧脉稍细密；叶柄短。花大，1~5 朵生枝顶；萼筒长 2~3 厘米，通常红色或淡黄色，裂片略外展，卵状三角形，长 8~13 毫米，外面近顶端有 1 个黄绿色腺体，边缘有小乳突，花瓣通常大，红色、黄色或白色，长 1.5~3 厘米，宽 1~2 厘米，顶端圆形；花丝无毛，长达 13 毫米；花柱长超过雄蕊。浆果近球形，直径 5~12 厘米，通常为淡黄褐色或淡黄绿色，有时白色，稀暗紫色。种子多数，钝角形，红色至乳白色。花期 5~7 月，果期 9~10 月。

分布范围

原产巴尔干半岛至伊朗及其邻近地区，现全世界温带和热带都有种植。我国河北、山东、安徽、江苏、河南、云南等地广泛栽培。

果

石榴花

秋叶

果实

石榴花

树皮

石榴花

生态习性

常生于海拔 300~1000 米，喜温暖向阳的环境，耐旱、耐寒，也耐瘠薄，不耐涝。对土壤要求不严，但以排水良好的砂壤土为宜。不耐荫蔽，背风、向阳、干燥的环境有利于花芽形成和开花，光照不足时不开花，光照越充足，开花越多越鲜艳。适宜生长温度 15~20℃，冬季温度不宜低于 –18℃。石榴虽耐寒，但毕竟是外来植物，对极端气候适应性不强。2015年冬季 3 天极端低温，枣庄万亩石榴园毁于一旦，一棵千年石榴王也未能幸免。

主要用途

树姿优美，枝叶秀丽，初春嫩叶抽绿，婀娜多姿；初夏繁花似锦，色彩鲜艳；秋季果实累累，或孤植或丛植于庭院、游园，也宜列植于小道、溪旁、坡地、建筑物之旁，也宜做成各种桩景和插花观赏。石榴是一种常见果树，果实营养丰富，维生素 C 含量高；果皮（石榴皮）入药，味酸涩，性温，具有涩肠止血功效，可治慢性下痢及肠痔出血等症；根皮可驱绦虫和蛔虫。

树木文化

石榴原产波斯（今伊朗）一带，公元前 2 世纪时传入中国，"何年安石国，万里贡榴花。迢递河源边，因依汉使搓。"据晋朝张华《博物志》载：汉张骞出使西域，得涂林安石国榴种以归，故名安石榴。石榴既可观赏又可食用；潘岳《安石榴赋》："榴者，天下之奇树，九州之名果"，给予石榴高度评价。石榴花开于初夏，绿叶荫荫之中燃起一片火红，色彩艳丽，灿若烟霞，尽显"浓绿万枝红一点，动人春色不须多"。历代名家文士吟咏石榴诗词甚多，而在古往今来的不断吟咏颂誉间，石榴文化逐渐积累沉淀，意蕴丰富。如隋朝江总《山庭春日诗》中的"岸绿开河柳，池红照海榴"、隋魏澹的"新枝含浅绿，晚萼散轻红"、唐朝子兰的《千叶石榴花》："一朵花开千叶红，开时又不藉春风。若教移在香闺畔，定与佳人艳态同"，诗人不仅描写石榴的外观，更将主观情感注入其中。北宋苏舜钦的《夏意》："别院深深夏席清，石榴开遍透帘明。树阴满地日当午，梦觉流莺时一声"，饱含着初夏石榴花开时，诗人享受清净荫凉，内心生发出的愉悦之情。再如"行过关门三四里，榴花不见见君诗""榴花最恨来时晚，惆怅春期独后期"等，诗人多借榴花抒发咏春、伤春、怀友等情感。石榴开花后两三个月，红红的果实又挂满了枝头，恰若"果实星悬，光若玻础，如珊珊之映绿水"。唐代李商隐诗云："榴枝婀娜榴实繁，榴膜轻明榴子鲜。可羡瑶池碧桃树，碧桃红颊一千年"，正是"丹葩结秀，华实并丽"。

虽然中国不是石榴原产国，但在中国大地扎根发芽的漫长时光中，石榴被赋予了丰富的文化内涵。石榴花期较晚，所以石榴也往往用以表达生不逢时、怀才不遇的情感。宋朝晁冲之的《戏成》曰："榴花不得春风力，颜色何如桃杏深。"唐朝黄滔《奉和文尧对庭前千叶石榴》曰："移根若在芙蓉苑，岂向当年有醒时"，借为石榴鸣不平以表达诗人内心的不平之情。石榴果实大而多室，每室内有多数子粒，宋朝流行把对多子多福的崇拜映射在石榴上，因此石榴又有母亲、爱情、后代的寓意，在古诗词中多有反映。宋朝张幼谦《一剪梅》云："同年同日又同窗，不似鸾凤，谁是鸾凤。石榴石下事匆忙，惊散鸳鸯，拆散鸳鸯。"潘岳《安石榴赋》云："遥而望之，焕若隋珠耀重渊；详而察之，灼若列宿出云间。千房同膜，千子如一，御饥疗渴，解醒止醉。"人们借石榴来祝愿子孙繁衍，家族兴旺昌盛。民间在新人的婚房内放置石榴，不言而喻是祈福早生贵子。宋人还以石榴果裂开时内部的种子数量来占卜预知科考上榜的人数，久而久之，"榴实登科"一词流传开来，寓意金榜题名。南梁陶弘景言："石榴花赤可爱，故人多植之。"古人多喜于庭院栽植石榴，以寄寓繁荣昌盛、和睦团结、吉庆团圆的美好愿望。明清时，因中秋正是石榴上市季节，于是又有了"八月十五月儿圆，石榴月饼拜神仙"的民俗。

石榴的花语是富贵吉祥、多福多寿、子孙满堂、团圆和睦、生机盎然。

保护现状

世界自然保护联盟濒危物种红色名录（IUCN 红色名录）：未予评估（NE）。

百木汇成林　树王聚金陵

金陵树王

枸骨

枸骨树王位于南京市玄武区玄武湖景区梁洲杜鹃山旁（N 32°04′43″、E 118°47′19″）。树高 7 米，冠幅 8 米，地上半米处生长出多个分枝；树龄约 113 年，健康状况良好。

枸骨

学名　*Ilex cornuta* Lindl. & Paxton
别名　枸骨冬青、鸟不落、鸟不宿、猫儿刺
科属　冬青科（Aquifoliaceae）冬青属（*Ilex*）

形态特征

常绿乔木，高达 13 米。树皮灰黑色，当年生小枝浅灰色，圆柱形，具细棱；2 至多年生枝具不明显的小皮孔，叶痕新月形，凸起。叶片薄革质至革质，椭圆形或披针形，稀卵形，长 5~11 厘米，宽 2~4 厘米，先端渐尖，基部楔形或钝，边缘具圆齿，或有时在幼叶为锯齿，叶面绿色，有光泽，干时深褐色，背面淡绿色，主脉在叶面平，背面隆起，侧脉 6~9 对，无毛，或有时在雄株幼枝顶芽、幼叶叶柄及主脉上有长柔毛；叶柄长 8~10 毫米，上面平或有时具窄沟。雄花：花序具三至四回分枝，总花梗长 7~14 毫米，二级轴长 2~5 毫米，花梗长 2 毫米，无毛，每个分枝具花 7~24 朵；花淡紫色或紫红色，花基数 4~5；花萼浅杯状，裂片阔卵状三角形，具缘毛；花冠辐状，直径约 5 毫米，花瓣卵形，长 2.5 毫米，宽约 2 毫米，开放时反折，基部稍合生；雄蕊短于花瓣，长 1.5 毫米，花药椭圆形；退化子房圆锥状，长不足 1 毫米；雌花：花序具一至二回分枝，具花 3~7 朵，总花梗长 3~10 毫米，扁，二级轴发育不好；花梗长 6~10 毫米；花萼和花瓣同雄花，退化雄蕊长约为花瓣的 1/2，败育花药心形；子房卵球形，柱头具不明显的 4~5 裂，厚盘形。果长球形，成熟时红色，长 10~12 毫米，直径 6~8 毫米；分核 4~5，狭披针形，长 9~11 毫米，宽约 2.5 毫米，背面平滑，凹形，断面呈三棱形，内果皮厚革质。花期 4~6 月，果期 7~12 月。

果枝

果

雌花

叶

分布范围

产于江苏、上海、安徽、浙江、江西、湖北、湖南等省份，生于海拔150~1900米的山坡、丘陵等灌丛中、疏林中以及路边、溪旁和村舍附近。欧美一些国家植物园等有引种栽培。

生态习性

喜光亦耐阴；喜温暖湿润气候，稍耐寒；生长缓慢，萌芽力强；耐烟尘，抗二氧化硫和氯气。

主要用途

新叶浓绿光亮，秋冬红果鲜艳，为优良的观叶、观果树种。宜配植于假山边，也可孤植于花坛中心，对植于前庭、路口，或丛植于草坪边缘，或作绿篱。老桩可作盆景，叶与果枝还可用于插花；木材软韧，树皮可作染料和提取栲胶；根、枝、叶和果入药；种子含油，可作肥皂原料。

树木文化

人们对枸骨的了解虽历史悠久，但古代对其具体指哪种植物曾存在些混乱。《诗经·小雅》记载"南山有枸，北山有楰"，这里的"枸"，历史上有枳椇、构树、枸杞等不同的说法。宋朝《本草图经》中说："枸骨木多生江、浙间，木体白似骨，故以名。"在《本草纲目》中，李时珍将枸骨、冬青、女贞彻底分清楚："女贞、冬青、枸骨，三树也。女贞即今俗呼蜡树者，冬青即今俗呼冻青树也，枸骨即今俗呼猫儿刺者。"猫儿刺因"叶有五刺如猫之形，故名"。枸骨叶片上锋利的尖刺，助其成为天然的防护墙，可谓名副其实的"看家树""防贼树"，现在有些农村地区，依然喜欢将枸骨种在农家院墙边，用作篱笆。

枸骨药用价值较高，而且可作茶饮。清代《本草纲目拾遗》赞其"味甘苦，极香"。药典《本草从新》中记载了枸骨做茶的功效："生津止渴，用叶代茶甚妙，祛风"。枸骨嫩叶制作的茶，被称为"苦丁茶"，具有祛风、止咳、补肝益肾的功效。药圣李时珍就曾对枸骨赞誉有加，"煮饮，止渴明目除烦，令人不睡，消痰利水，通小肠，治淋，止头痛烦热"。苦丁茶因其宝贵的药用价值而成为皇家贡品。相传北宋时期一地方小吏想要在朝廷中讨个一官半职，将苦丁茶献于宋仁宗，宋仁宗饮后发现，此茶虽略带淡淡的苦味，但久久回甘。长时间饮用，宋仁宗龙体大为康健，此茶也就成为岁岁不得更改的贡茶。另据史书记载，明朝开国皇帝朱元璋连续喝了七天苦丁茶，治愈了他的"便秘"，因此，枸骨之叶被朱元璋封为"贡品"，苦丁茶也就成为明朝的"贡茶"。

枸骨树形美丽，枝叶总是稠密光亮，青翠欲滴，形状堪称奇特。秋冬果实红色，挂于枝头时红果满枝、浓艳夺目，且凌冬不凋。唐朝许浑《洞灵观冬青》中写道："霜霰不凋色，两株交石坛。未秋红实浅，经夏绿阴寒。露重蝉鸣急，风多鸟宿难。何如西禁柳，晴舞玉阑干。"着重描写了雪中枸骨果实色彩鲜亮、圆润，经过冰霜的洗礼而不凋落，如同红色的宝珠，镶嵌在翠叶和白雪的帷幕上，被映衬得格外醒目。枸骨虽有"鸟不宿"之称，但在食源不足的冬日，似乎鸟儿对枸骨叶刺也并不是十分畏惧，所见的皆是枸骨树上鸟起鸟落的景象。

"骨格雄奇健，盔甲缀红缨"，枸骨因观赏价值高而深受人们喜爱，并被赋予美好寓意，如"红红火火"；枸骨还被看作"幸福、平安、友好"的象征。

保护现状

世界自然保护联盟濒危物种红色名录（IUCN 红色名录）：无危（LC）。

百木汇成林　树王聚金陵

金陵树王

黄杨

黄杨树王位于南京市玄武区汉府街毗卢寺观音楼前（N 32°2′41″、E 118°47′53″）。三大分枝，胸径分别为 17 厘米、17 厘米、11 厘米，树高 4 米，冠幅 8 米；树龄约 270 年，健康状况良好。毗卢寺坐落于汉府街，因供养佛教密宗世界的根本佛—毗卢遮那佛（汉译：大日如来）而得名，始建于明朝嘉靖年间，作为"金光明道场"，在国内佛教界享有较高地位，于民国时期成为全国佛教中心。晚清湘军首领曾国荃与海峰法师因"如我督两江，为你造庵"的一句戏言，使得毗卢寺成为"东至清西河、西至大悲巷、北至太平桥、南至汉府街"的南京第一大寺。与寺庙中藏经楼馆藏和万尊佛像相比，毗卢寺中的 3 株瓜子黄杨更是久负盛名。佛教讲究前世今生，这两株黄杨的前身千年黄杨老树死于明初，曾获得宋朝大文豪苏东坡的抚慰，并悟出"满街皆是圣人，唯独吾是凡夫"的偈语。这一故事后被下榻毗卢寺的清朝乾隆皇帝所闻，并御赐"黄杨"。享受佛教和皇室赞誉的黄杨古树至今枝繁叶茂，虽"一年长一寸"，但经过几百年的"修行"，其中一株"木中君子"也已成为"树中之王"。

黄杨

学名 *Buxus sinica*（Rehder & E. H. Wilson）M. Cheng
别名 锦熟黄杨、瓜子黄杨、黄杨木
科属 黄杨科（Buxaceae）黄杨属（*Buxus*）

形态特征

灌木或小乔木，高 1~6 米。枝圆柱形，有纵棱，灰白色；小枝四棱形，全面被短柔毛或外方相对两侧面无毛，节间长 0.5~2 厘米。叶革质，阔椭圆形、阔倒卵形、卵状椭圆形或长圆形，大多数长 1.5~3.5 厘米，宽 0.8~2 厘米，先端圆或钝，常有小凹口，不尖锐，基部圆或急尖或楔形，叶面光亮，中脉凸出，下半段常有微细毛，侧脉明显，叶背中脉平坦或稍凸出，中脉上常密被白色短线状钟乳体，全无侧脉，叶柄长 1~2 毫米，上面被毛。花序腋生，头状，花密集，花序轴长 3~4 毫米，被毛，苞片阔卵形，长 2~2.5 毫米，背部多少有毛；雄花：约 10 朵，无花梗，外萼片卵状椭圆形，内萼片近圆形，长 2.5~3 毫米，无毛，雄蕊连花药长 4 毫米，不育雌蕊有棒状柄，末端膨大，高 2 毫米左右（高度约为萼片长度的 2/3 或和萼片几等长）；雌花：萼片长 3 毫米，子房较花柱稍长，无毛，花柱粗扁，柱头倒心形，下延达花柱中部。蒴果近球形，长 6~8（10）毫米，宿存花柱长 2~3 毫米。花期 3 月，果期 5~6 月。

叶与花苞

分布范围

产于陕西、甘肃、湖北、四川、贵州、广西、广东、江西、浙江、安徽、江苏、山东各省份，多生于海拔 1200~2600 米的山谷、溪边、林下。

生态习性

喜光耐阴，喜湿润、忌长时间积水；耐旱，耐热耐寒，可经受夏日暴晒和 −20℃严寒。对土壤要求不严，以轻松肥沃的砂质壤土为佳，微酸性或弱碱性的砂土、壤土、褐土地都能生长。分蘖性极强，耐修剪，易成型。

主要用途

树姿优美，叶小如豆瓣，质厚而有光泽，四季常青；春季嫩叶初发，满树翠绿，十分悦目；园林中常作绿篱、修剪造型，点缀山石或制作盆景。木材坚硬细密，是雕刻工艺的上等材料。根、叶入药，具有祛风除湿、行气活血的功效。

树木文化

黄杨在我国栽培历史悠久，资料记载始于唐朝。黄杨生长缓慢，民间有"千年难长黄杨木"的谚语。明朝李时珍《本草纲目》中记载："黄杨性难长，岁仅长一寸，遇闰则反退"。清朝学者李渔在《闲情偶记》中说："黄杨每岁一寸，不溢分毫，至闰年反缩一寸，是天限之命也。"宋朝苏轼诗云："园中草木春无数，惟有黄杨厄闰年。"故"黄杨厄闰"也比喻时运不济、境遇困难。黄杨虽慢生，但在漫长的等待中却长成了瑰宝，形态别致，品质不凡。黄杨树皮干裂，白里透黄，木质坚硬，枝细叶密。无论主干或所有大小侧枝，都坚挺苍劲，气势雄浑。古人咏黄杨曰："飓尺黄杨树，婆娑枝千重，叶深圃翡翠，据古踞虬龙。岁历风霜久，时沾雨露浓。未应逢闰厄，坚质比寒松"，把黄杨的特点与气势描绘得活灵活现。除庭院栽培观赏外，黄杨的最大用途便是制作盆景，特别是"扬派"和"苏派"盆景。通过粗扎细剪，制成云片状，平薄如削；或加工成自然树形，再点缀山石，雅美如画。黄杨的木质极其细腻，肉眼看不到棕眼（毛孔），即有"细腻"之解剖特征、"清净"之视觉特性、"柔软"之触觉特性，因此黄杨木被誉为"木中象牙"，是上等的雕刻木料。在汉代，黄杨木已被用来雕刻制作精美梳篦，淡雅而古典。据史料记载，黄杨木雕以立

树皮

体工艺品出现始于宋、元，流行于明清两朝，清晚期至民国为其繁荣时期。黄杨木香气轻淡，雅致而不俗艳，这让清高的雅士们对这种木材颇为青睐，故而黄杨素有"木中君子"的雅称。此外，人们认为黄杨木具有辟邪化煞、招财纳福的作用，佩戴黄杨木挂件可防邪祟侵扰，驱除病气，增福添寿。有俗语云："家中有黄杨，辈辈出栋梁。"生意人更是认为黄杨能够催福招贵，黄杨相伴、财运亨通。

黄杨寓意吉祥、财富和不屈不挠的精神。

保护现状

《中国生物多样性红色名录（高等植物卷）》：极危。

世界自然保护联盟濒危物种红色名录（IUCN 红色名录）：极危（CR）。

百木汇成林　树王聚金陵

金陵树王

一叶萩

一叶萩树王位于南京市鼓楼区西康路1号河海大学老图书馆旁（N 32°36′49.60″、E 118°45′04.56″）。六大分枝，胸径分别为19厘米、19厘米、19厘米、7厘米、7厘米、5厘米，树高6米，冠幅6米；树龄约123年，健康状况良好。一叶萩多为灌木，但河海之物却不同，虽"隐居"清凉山北麓，但树高两丈、树冠两丈足可以称雄四方。花开时节，绿叶繁花相伴，更是衬托出叶底珠的风情。虎踞龙蟠金陵邑，六朝胜迹清凉山。古金陵恰是始于清凉山，清凉山周边的寺庙必不可少，佛寺传承，河海之萩相传即为清朝时僧人种植。佛僧植树，或为佛念，或为实用，以萩之药用，引种至此亦不足为奇。河海大学始建于1915年，当年园中小树，现已成为树中王者，犹如河海大学的发展，专注水利，治水兴邦，现已成为我国水利科技创新和人才培养的翘楚。一叶萩却始终如初，默默生长，不曾想逐梦宇宙，却已成凤毛麟角之物。

一叶萩

学名 *Flueggea suffruticosa* (Pall.) Baill.

别名 一叶荻、叶底珠、山萬树、狗梢条、白几木

科属 叶下珠科（Phyllanthaceae）白饭树属（*Flueggea*）

形态特征

灌木，高 1~3 米，全株无毛，多分枝。小枝浅绿色，近圆柱形，有棱槽，有不明显的皮孔。叶片纸质，椭圆形或长椭圆形，稀倒卵形，长 1.5~8 厘米，宽 1~3 厘米，顶端急尖至钝，基部钝至楔形，全缘或间中有不整齐的波状齿或细锯齿，下面浅绿色；侧脉每边 5~8 条，两面凸起，网脉略明显；叶柄长 2~8 毫米；托叶卵状披针形，宿存。花小，雌雄异株，簇生于叶腋；雄花：3~18 朵簇生；花梗长 2.5~5.5 毫米；萼片通常 5，椭圆形，长 1~1.5 毫米，宽 0.5~1.5 毫米，全缘或具不明显的细齿；雄蕊 5，花丝长 1~2.2 毫米，花药卵圆形，长 0.5~1 毫米；花盘腺体究退化雌蕊圆柱形，高 0.6~1 毫米，顶端 2~3 裂；雌花：花梗长 2~15 毫米；萼片 5，椭圆形至卵形，长 1~1.5 毫米，近全缘，背部呈龙骨状凸起；花盘盘状，全缘或近全缘；子房卵圆形，3（2）室，花柱 3，长 1~1.8 毫米，分离或基部合生，直立或外弯。蒴果三棱状扁球形，直径约 5 毫米，成熟时淡红褐色，有网纹，3 片裂；果梗长 2~15 毫米，基部常有宿存的萼片。种子卵形而侧扁压状，长约 3 毫米，褐色而有小疣状凸起。花期 3~8 月，果期 6~11 月。

叶

叶与果

树皮

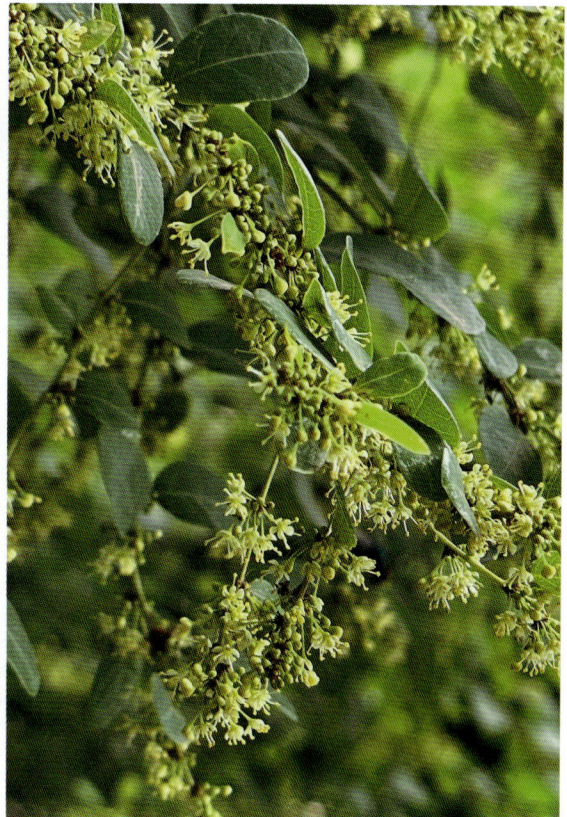

花

分布范围

除西北尚未发现外，全国各省份均有分布，生于海拔 800~2500 米的山坡灌丛中或山沟、路边。蒙古、俄罗斯、日本、朝鲜等也有分布。

生态习性

喜光，耐寒、抗旱、抗瘠薄，对土壤要求不严，以肥沃疏松为好，但在干旱瘠薄的石灰岩山地上也生长良好。

主要用途

枝叶繁茂，花果密集，花色黄绿，果梗细长，果三棱扁平状。叶入秋变红，极为美观，配植于假山、草坪、河畔、路边，具有良好的观赏价值，也可作荒山绿化树种。叶、花可入药；幼嫩茎叶可以食用，营养价值高、口感好，是一种集药用和食用于一身的新型野生蔬菜；花和叶供药用，对中枢神经系统有兴奋作用，可治面部神经麻痹、小儿麻痹后遗症、神经衰弱、嗜睡症等；根皮煮水，外洗可治牛、马虱子。

树木文化

"两岸垂葭荻，中流一叶舟。"一叶萩又叫一叶荻，被记载于《中国植物志》，是正式中名；1858 年正式命名发表的学名为 *Flueggea suffruticosa*（Pall.）Baill.。《中国高等植物图鉴》和《秦岭植物志》中记载为叶底珠；在安徽叫山嵩树，在吉林叫狗梢条，在广西叫白几木。现代诗人巫山云形象描述一叶萩："叶底珠，叶如卵兮，果如球，雌雄异株兮，风为媒。看

花

叶底珠之欺瞒兮，叹造物之奇妙。"一叶萩一般为野生，极少栽植。其主要价值是药用，是一味多功效中药，叶、花和果实均可入药；叶和花含生物碱，对中枢神经及心脏有兴奋作用，能加强心脏收缩。同时，一叶萩具有一定毒性，其嫩叶虽可食，但以谨慎为好。

保护现状

世界自然保护联盟濒危物种红色名录（IUCN 红色名录）：无危（LC）。

百木汇成林　树王聚金陵

金陵树王

爬墙虎

爬墙虎树王位于南京市鼓楼区南京大学北大楼（N 32°03′33.3″、E 118°46′33.0″）。6 根藤条，粗度分别为 18 厘米、16 厘米、8 厘米、7 厘米、5 厘米和 4 厘米；树龄约 105 年，健康状况良好。南京作为全国高等教育文化重地，集聚多所高等学府，其中最有名气的莫过于南京大学，起源于 1902 年创建的三江师范学堂。传承百廿，南京大学鼓楼校区成为南大人溯源筑梦之地，而鼓楼校区最具标志性的建筑便是 1917 年建造的北大楼了。北大楼由美国建筑师司迈尔设计，陈明记营造厂承建，大楼融合中西方风格，选用明城墙青砖建造，以物传承的历史又可追溯至明初，这些铭文青砖见证了明清两代近 500 年的历史，也记录了南京大学 100 多年的发展史。北大楼原作钟楼，学堂钟声早已难寻，但余音则响彻南京城。钟声不再，青砖默默，但惟有爬墙虎却依然健硕繁茂。爬墙虎正是建造北大楼后与之相伴的垂直绿化，楼植同岁。据传当年由外国学者栽植，数量有十几株；至 20 世纪四五十年代，爬墙虎已经爬上楼顶；现如今同期的爬墙虎仅有 6 株，盘根错节，垂挂如帘，又似楼穿绿衫，秋冬来临，绿衫又化作锦衣。时代沧桑，绿植依旧！

爬墙虎

学名　*Parthenocissus tricuspidata*（Sieb. & Zucc.）Planch.

别名　地锦、田代氏大戟、铺地锦、地锦草、爬山虎

科属　葡萄科（Vitaceae）爬山虎属（*Parthenocissus*）

形态特征

木质藤本。小枝圆柱形，几无毛或微被疏柔毛。卷须 5~9 分枝，相隔 2 节间断与叶对生。卷须顶端嫩时膨大呈圆珠形，后遇附着物扩大成吸盘。单叶，通常着生在短枝上，3 浅裂，时有着生在长枝上者小型不裂，叶片通常倒卵圆形，长 4.5~17 厘米，宽 4~16 厘米，顶端裂片急尖，基部心形，边缘有粗锯齿，上面绿色，无毛，下面浅绿色，无毛或中脉上疏生短柔毛，基部 5 出脉，中央脉有侧脉 3~5 对，网脉上面不明显，下面微突出；叶柄长 4~12 厘米，无毛或疏生短柔毛。花序着生在短枝上，基部分枝，形成多歧聚伞花序，长 2.5~12.5 厘米，主

轴不明显；花序梗长 1~3.5 厘米，几无毛；花梗长 2~3 毫米，无毛；花蕾倒卵状椭圆形，高 2~3 毫米，顶端圆形；萼碟形，边缘全缘或呈波状，无毛；花瓣 5，长椭圆形，高 1.8~2.7 毫米，无毛；雄蕊 5，花丝长 1.5~2.4 毫米，花药长椭圆状卵形，长 0.7~1.4 毫米，花盘不明显；子房椭球形，花柱明显，基部粗，柱头不扩大。果实球形，直径 1~1.5 厘米，有种子 1~3 颗。花期 5~8 月，果期 9~10 月。

分布范围

产于吉林、辽宁、河北、河南、山东、安徽、江苏、浙江、福建、台湾。朝鲜、日本也有分布。

生态习性

喜光、耐寒、耐旱、耐贫瘠、忌积水；生长强健，耐修剪，适应性强，多攀缘于岩石、大树和墙壁上；在阴湿、肥沃的土壤上生长最佳，对土壤酸碱度适应性强，但以排水良好的砂质土或壤土最为适宜，在暖温带以南，冬季可保持半常绿或常绿状态，对二氧化硫等有害气体有较强的抗性，对空气中的灰尘有吸附能力。

主要用途

枝叶茂密，分枝多而斜展，为著名的垂直绿化植物，常攀缘在墙壁或岩石上，适配植宅院墙壁、围墙、庭园入口处等，既可美化环境，又能降温、调节空气、降低噪音。每当深秋，叶色斑斓，景色怡人，如诗如醉。果实可食或酿酒；根、茎可入药，有破瘀血、活筋止血、祛风活络、消肿毒的功效。

花

景观

叶

树王

景观

树木文化

爬墙虎是著名的藤蔓植物，攀附能力极强，无论在墙面上、房顶上或是栅栏篱笆上，总能见到她的身影。爬墙虎的卷须上有许多吸盘，海绵状结构的吸盘细胞强化了吸盘和吸附物之间的粘附强度，虽然吸盘与吸附物的接触面积只有 1.22 平方毫米，但它承载的拉力可以达到其自身重量的 280 万倍。教育家、作家叶圣陶所写的《爬山虎的脚》中把"吸盘"称之为"脚"，文中由浅入深地描绘爬墙虎的"脚"，激发了无数孩子的好奇心，也蕴含着积极向上的教育意义。每当春回大地，新芽萌动，苏醒的爬墙虎就开始毫不停歇地向上攀长。只要有向上的空间，它就绝不停留，一步一个脚印，勇敢而坚定地征服陡峭笔直的墙壁。随着春日渐浓，爬墙虎越来越茂盛、翠绿，大片大片的叶子密集油亮，覆盖了整个墙壁、山坡，微风轻轻滑过叶片，掀起串串波浪。绿荫满墙的爬墙虎是春夏季节里最靓丽的一道风景，在秋冬也同样风光无限。入秋爬墙虎叶色泛红，宛如锦被盖地，独具静幽之趣。明朝诗人唐寅在赞美爬墙虎的《落花诗》中写道："扑檐直破帘衣碧，上砌如欺地锦红。"《七律·咏爬墙虎》把爬墙虎写得惟妙惟肖："纤纤小手紧抓墙，映月辉星独自狂。一夏攀登迎烈日，三秋环绕傲寒霜。风姿不逊春花美，神韵犹如枫叶香。藤蔓干枯情未了，红红笑脸唱辉煌"，把爬墙虎顽强向上、蓬勃生长的生命力和历经风霜而更明艳的风姿展现得淋漓尽致。李瑛的《爬山虎》中写道："无论风雨，无论云雾，眼睛总是盯看前方，不需云梯，不要缆索，总是横着肩膀向上，不停半步，攀登，攀登，攀登……"，爬墙虎执着向上攀爬，表现出了努力奋斗、积极向上和坚持不懈的精神。

保护现状

《中国生物多样性红色名录（高等植物卷）》：无危。

世界自然保护联盟濒危物种红色名录（IUCN 红色名录）：无危（LC）。

百木汇成林　树王聚金陵

金陵树王

七叶树

七叶树树王位于南京市玄武区明孝陵西侧围墙处（N 32°3′28″、E 118°50′2″）。三大分枝，地径 123 厘米，树高 27 米，冠幅 26 米；树龄约 100 年，健康状况良好。七叶树被称为中国北方的娑罗树，自然与佛教文化相渊源。佛祖释伽牟尼在佛门圣树下降生和圆寂，各地佛门寺院也多种植圣树来纪念佛祖，但娑罗树并不能适应各地气候，为此各地便寻找替代树种。清朝初期统治者为维护封建统治思想，将满族崇奉的文殊菩萨道场——五台山作为圣山，顺治皇帝指定五台山的七叶树为佛教圣树。南京七叶树王并不在佛院之中，而生长在皇帝陵园，但寓意则不言而喻。

七叶树

学名 *Aesculus chinensis* Bunge

别名 梭椤树、梭椤子、天师栗、开心果、猴板栗

科属 无患子科（Sapindaceae）七叶树属（*Aesculus*）

形态特征

落叶乔木，高达 25 米。树皮深褐色或灰褐色，小枝圆柱形，黄褐色或灰褐色，无毛或嫩时有微柔毛，有圆形或椭圆形淡黄色的皮孔。冬芽大，有树脂。掌状复叶，由 5~7 枚小叶组成，复叶柄长 10~12 厘米，有灰色微柔毛；小叶纸质，长圆状披针形至长圆状倒披针形，稀长椭圆形，先端短锐尖，基部楔形或阔楔形，边缘有钝尖形的细锯齿，长 8~16 厘米，宽 3~5 厘米，上面深绿色，无毛，下面除中脉及侧脉的基部嫩时有疏柔毛外，其余部分无毛；中脉在上面显著，在下面凸起，侧脉 13~17 对，在上面微显著，在下面显著；中央小叶的叶柄长 1~1.8 厘米，两侧的小叶柄长 5~10 毫米，有灰色微柔毛。花序圆筒形，连同长 5~10 厘米的总花梗在内共长 21~25 厘米，花序总轴有微柔毛，小花序常由 5~10 朵花组成，平斜向伸展，有微柔毛，长 2~2.5 厘米，花梗长 2~4 毫米。花杂性，雄花与两性花同株，花萼管状钟形，长 3~5 毫米，外面有微柔毛，不等 5 裂，裂片钝形，边缘有短纤毛；花瓣 4，白色，长圆状倒卵形至长圆状倒披针形，长 8~12 毫米，宽 5~1.5 毫米，边缘有纤

盛花期

幼果

树皮

圆锥花序

毛，基部爪状；雄蕊 6，长 1.8~3 厘米，花丝线状，无毛，花药长圆形，淡黄色，长 1~1.5 毫米；子房在雄花中不发育，在两性花中发育良好，卵圆形，花柱无毛。果实球形或倒卵圆形，顶部短尖或钝圆而中部略凹下，直径 3~4 厘米，黄褐色，无刺，具很密的斑点，果壳干后厚 5~6 毫米，种子常 1~2 粒发育，近于球形，直径 2~3.5 厘米，栗褐色。种脐白色，约占种子体积的 1/2。花期 4~5 月，果期 10 月。

分布范围

仅秦岭有野生，自然分布在海拔 700 米以下的山地；黄河流域及东部各省份均有栽培。

生态习性

半喜光树种，喜温暖气候，也能耐寒，夏季叶子易日灼；深根性，萌芽力强；喜深厚、肥沃、湿润而排水良好的土壤。滞尘、吸收有害气体能力强。

主要用途

树形优美，花大秀丽，果形奇特，被誉为世界四大阔叶行道树之一，是优良的行道树和观赏植物，可作公园、广场和道路绿化树种，孤植、群植均可。木材细密可制造各种器具；叶芽可代茶饮用；种子可食用，但直接吃味道苦涩，经碱水煮后食用味如板栗，种子也可入药，有安神、理气、杀虫等功效。

种子

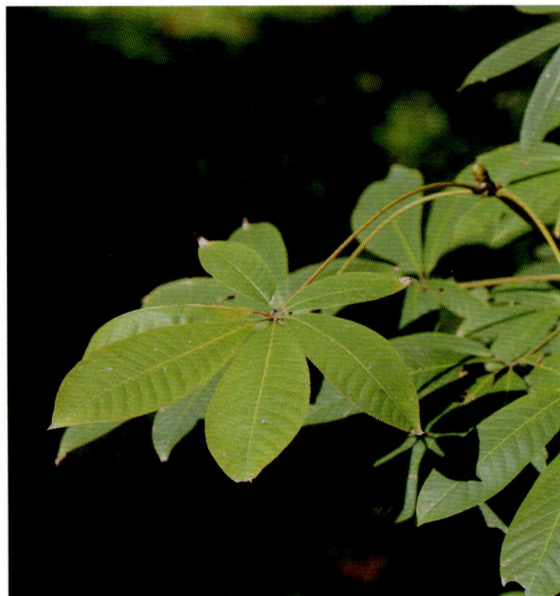

叶

树木文化

七叶树树干耸直，冠大荫浓，叶秀丽。初夏时，繁花满树，硕大的圆锥状白色花序似一盏华丽的烛台，蔚然可观。明朝《帝京景物略》中记载七叶树的形态："花九房峨峨，叶七开蓬蓬。七叶九华人莫识，梵名却唤娑罗树。"在中国，七叶树与佛教文化有着很深的渊源，常作为佛门的标志性树种植于寺院，其原因与另一佛教树种娑罗树有关。娑罗树原产于印度，释迦牟尼在娑罗树下涅槃，该树种因而受到佛门的崇拜。唐朝玄奘大师在《大唐西域记》中说，娑罗树的叶片像是中原的槲栎树（注：依照现代分类学，槲栎是另一树种）。七叶树与娑罗树相似，又与佛法相关，加上真正的娑罗树生长于热带地区，在我国中原地区难以栽种，所以自唐朝开始，七叶树就渐渐成了娑罗树的替代品，被誉为"佛门圣树"。北京大觉寺、卧佛寺、潭柘寺、灵光寺和杭州灵隐寺等寺庙中都有栽植。唐朝诗人白居易曾记载了杭州天竺寺内以七叶树命名的"七叶堂"："郁郁复郁郁，伏热何时毕。行入七叶堂，烦暑随步失。"北宋欧阳修《定力院七叶木》有云："伊洛多佳木，沙罗旧得名。常于佛家见，宜在月宫生。扣砌阴铺静，虚堂子落声。夜风疑雨过，朝露炫霞明。车马王都盛，楼台梵宇闳。惟应静者乐，时听野禽鸣"，借七叶树表达了对熙攘俗世的厌倦，对宁静悠然之地的向往。清朝康熙、乾隆皇帝都有咏娑罗树诗，在卧佛寺和香山寺的乾隆御碑上刻有："七叶娑罗明示偈，两行松柏永为陪。豪色参天七叶出，恰似七佛偈成时。"

七叶树寓意优雅、高贵、长寿。

保护现状

《中国生物多样性红色名录（高等植物卷）》：极危（CR）。

世界自然保护联盟濒危物种红色名录（IUCN红色名录）：未评估（NE）。

百木汇成林　树王聚金陵

金陵树王

五角枫

五角槭树王位于南京市雨花台区雨花台烈士陵园东炮台（N 32°0′5″、E 118°46′34″）。胸径 67 厘米，树高 18 米，冠幅 10 米；树龄约 95 年，健康状况一般。《法华经》称："佛说法，天雨曼陀罗花。"这便是雨花台地名的来历，充满佛教气息的美好传说。与地名相比，雨花台烈士陵园名气更大，是新中国成立后建立最早、规模最大的国家级烈士陵园，这里曾是大批共产党人和爱国志士英勇就义的地方。缅怀先烈，寄托哀思，继承和弘扬革命精神成为建造烈士陵园的初衷。细读雨花台炮台的历史却更加久远，晚清以后的政府在南京城周边建了不少炮台，包括乌龙山、清凉山、老虎山、雨花台、狮子山、幕府山、富贵山、马家山等炮台，这些炮台在晚清以后至 1937 年的南京保卫战中为拱卫南京城发挥了重要作用。其他炮台多建于居高临下的山峰，但唯有雨花台炮台却只能建于雨花台中岗东西两侧，分别称"东炮台"和"西炮台"，足可见其军事重要性。炮台成为南京城南外围重要门户，现今炮台已无遗迹可寻。但东炮台之地却生长着 3 株五角枫，其中 1 株宜作树王。3 株大树或为"母子"或为"兄弟"，或为自生或为种植，都已无法证考。每逢秋叶黄中映血，无不让人忌惮过往的战火纷飞和血雨腥风，更要期盼国富民强和国泰民安。

五角槭

学名　*Acer pictum* subsp. *mono*（Maxim.）H. Ohashi
别名　五龙皮、五角枫、地锦槭、水色树、细叶槭
科属　槭树科（Aceraceae）槭属（*Acer*）

形态特征

落叶乔木，高达 15~20 米。树皮粗糙，常纵裂，灰色，稀深灰色或灰褐色。小枝细瘦，无毛，当年生枝绿色或紫绿色，多年生枝灰色或淡灰色，具圆形皮孔。冬芽近于球形，鳞片卵形，外侧无毛，边缘具纤毛。叶纸质，基部截形或近于心形，叶片外貌近于椭圆形，长 6~8 厘米，宽 9~11 厘米，常 5 裂，有时 3 裂及 7 裂的叶生于同一树上；裂片卵形，先端锐尖或尾状锐尖，全缘，裂片间的凹缺常锐尖，深达叶片的中段，上面深绿色，无毛，下面淡绿色，除了

秋叶

叶

树皮

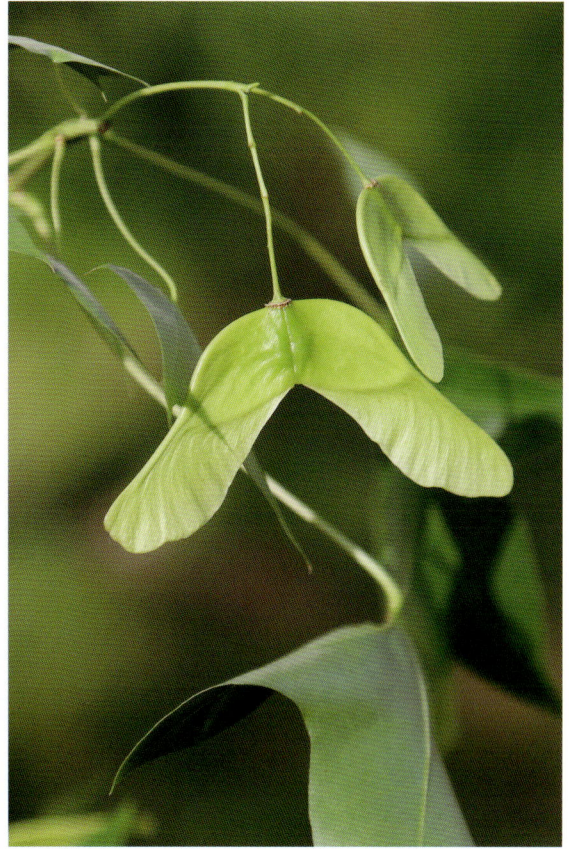

翅果

在叶脉上或脉腋被黄色短柔毛外，其余部分无毛；主脉 5 条，在上面显著，在下面微凸起，侧脉在两面均不显著；叶柄长 4~6 厘米，细瘦，无毛。花多数，杂性，雄花与两性花同株，多数常成无毛的顶生圆锥状伞房花序，长与宽均约 4 厘米，生于有叶的枝上，花序的总花梗长 1~2 厘米，花叶同放；萼片 5，黄绿色，长圆形，顶端钝形，长 2~3 毫米；花瓣 5，淡白色，椭圆形或椭圆倒卵形，长约 3 毫米；雄蕊 8，无毛，比花瓣短，位于花盘内侧的边缘，花药黄色，椭圆形；子房无毛或近于无毛，在雄花中不发育，花柱无毛，很短，柱头 2 裂，反卷；花梗长 1 厘米，细瘦，无毛。翅果嫩时紫绿色，成熟时淡黄色；小坚果压扁状，长 1~1.3 厘米，宽 5~8 毫米；翅长圆形，宽 5~10 毫米，连同小坚果长 2~2.5 厘米，张开成锐角或近于钝角。花期 5 月，果期 9 月。

分布范围

产东北、华北和长江流域各省份，生于海拔 800~1500 米的山坡或山谷疏林中。俄罗斯西伯利亚东部、蒙古、朝鲜和日本也有分布。

生态习性

弱度喜光，稍耐阴，喜温凉湿润气候，对土壤要求不严，在中性、酸性及石灰性土上均能生长，但以土层深厚、肥沃及湿润之地生长最好，黄黏土上生长较差。深根性，抗风力强。

主要用途

树姿优美，叶形秀丽，秋叶呈深红、大红、浅红、橘红、橙黄、大黄、鹅黄、嫩绿、深绿等十几种色彩，可谓五光十色，可广泛用作庭院树、行道树，或营造小片林与其他树种块状混交。木材质坚致密，为优良的家具、乐器及细木工等用材。树液可制糖；树皮可作人造棉及造纸的原料；枝、叶入药，有祛风除湿、活血止痛的功效。

树木文化

五角槭是优良的色叶树种。明末园艺学家陈淏子所著《花镜》云："一经霜后，叶尽皆赤，故名丹枫，秋色之最佳者。"远眺枫林，层林尽染，五色斑斓，美不胜收；近观枫叶形态各异，颜色有别，疏密相间。秋风拂过树梢，片片枫叶似彩蝶起舞，妩媚妖娆，婀娜多姿。置身于林间，有"人在林间行，宛如画中游"之感，"雁啼红叶天，人醉黄花地"的浪漫就呈现在眼前。

枫在古代泛指一些叶色能变红的树种，所以也称红叶树，现多指槭树属植物。优美的树形、动人的秋叶、奇特的果形给人以美的感受。枫在我国古代文学史上有浓墨重彩的一笔，文人墨客有大量吟咏枫的诗句，如白居易的"枫叶荻花秋瑟瑟"、张若虚的"白云一片去悠悠，青枫浦上不胜愁"、张可久的"雁啼红叶天，人醉黄花地"、张抡的"丹枫万叶碧云边，黄花千点幽岩下"等。据台湾潘富俊教授在《草木缘情——中国古典文学中的植物世界》中的统计，中国古典文学作品中"枫"作为观赏类乔木出现了 1580 次，仅次于柳与梧桐，排名第三。古代诗人们所写的"枫"，到底是哪种植物呢？有人认为古籍中提及的"枫"，对应的是植物学上的枫香树（*Liquidambar formosana*，金缕梅科枫香树属），其叶掌状分裂，秋季会变红（也有变黄）。但枫香树主要分布在黄河以南，显然与"枫"的实际情况不符。而有的学者认为古籍中的"枫"是指五角槭，更令人费解。从现代植物分类系统来看，"枫"不可能只是一个种，因为今人对种的区分已经很艰难，更何况处于信息不发达时期的古代诗人。比起种，他们更在意树叶的姿态、颜色和神韵随着时序轮转的变化。正如枫叶尽红时，诗人从中获得感官和心灵上的享受，读出的是旺盛的生命力、自然的意趣或是秋日萧瑟的伤感，因而联想到个人境遇或借之寄托个人情怀。从古诗词关于"枫"的发生地点、气候特征和物种分布来看，"枫"包含槭树属树种和枫香、乌桕等一些秋季叶色变红的树种。如张继的《枫桥夜泊》中："月落乌啼霜满天，江枫渔火对愁眠。姑苏城外寒山寺，夜半钟声到客船。"有学者认为此处的"江枫"则是指的乌桕。

五角槭寓意人人平等，还象征着清廉之风和浩然正气。

保护现状

《中国生物多样性红色名录（高等植物卷）》：无危（LC）。

世界自然保护联盟濒危物种红色名录（IUCN 红色名录）：未评估（NE）。

百木汇成林　树王聚金陵

金 陵 树 王

臭椿

臭椿树王位于南京市秦淮区应天大街与雨花路交叉路口东北侧（N 32°00′45.32″、E 118°47′12.48″）。胸径 76 厘米，冠幅 7 米，树高 10 米；树龄约 120 年，健康状况一般。臭椿树王生长在中华门外，地处南京老城南区域，紧挨着大报恩寺遗址公园、金陵机器制造局旧址、三藏殿、长干里居民区及越城遗址区，这里将被打造成最能凸显南京古都特色的文化旅游区。臭椿树王将成为旅游区的一景，虽已卧看玻璃宝塔，但依然枝繁叶茂，翅果神似佛幡模样，可谓佛教有缘树！或为天堂树（Tree of heaven），或为地狱树（Tree of hell），终是"外"人看法！

臭椿

学名 *Ailanthus altissima*（Mill.）

别名 椿树、樗

科属 苦木科（Simaroubaceae）臭椿属（*Ailanthus*）

形态特征

　　落叶乔木，高可达 20 余米。树皮平滑而有直纹。嫩枝有髓，幼时被黄色或黄褐色柔毛，后脱落。叶为奇数羽状复叶，长 40~60 厘米，叶柄长 7~13 厘米，有小叶 13~27 片；小叶对生或近对生，纸质，卵状披针形，长 7~13 厘米，宽 2.5~1 厘米，先端长渐尖，基部偏斜，截形或稍圆，两侧各具 1 或 2 个粗锯齿，齿背有腺体 1 个，叶面深绿色，背面灰绿色，揉碎后具臭味，树种名称因此而来。圆锥花序长 10~30 厘米；花淡绿色，花梗长 1~2.5 毫米；萼片 5，覆瓦状排列，裂片长 0.5~1 毫米；花瓣 5 片，长 2~2.5 毫米，基部两侧被硬粗毛；雄蕊 10 枚，化丝基部密被硬粗毛，雄花中的花丝长于花瓣，雌花中的花丝短于花瓣；花药长圆形，长约 1 毫米；心皮 5，花柱粘合，柱头 5 裂。翅果长椭圆形，长 3~4.5 厘米，宽 1~1.2 厘米。种子位于翅的中间，扁圆形。花期 4~5 月，果期 8~10 月。

小花

羽状复叶

圆锥花序

幼果

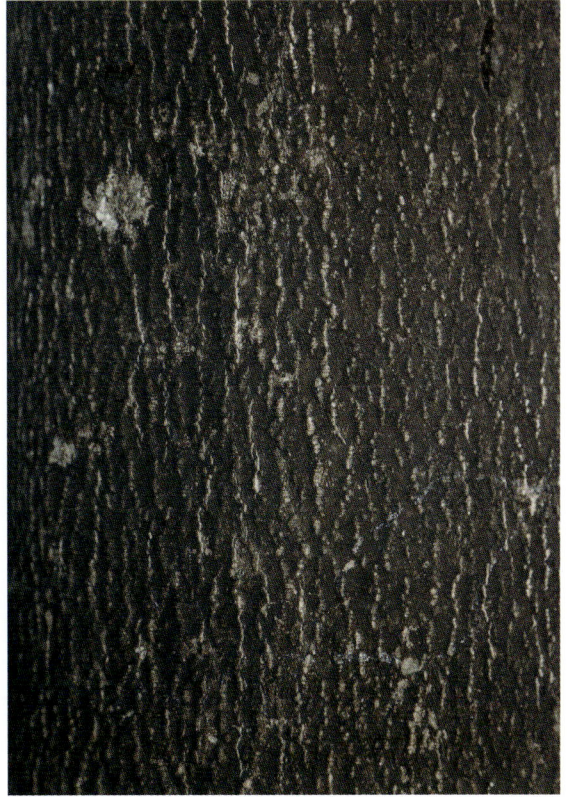

树皮

分布范围

　　垂直分布于海拔 2000 米以下区域，水平分布在北纬 22°~43° 范围内，北起辽宁、河北，南至江西、福建，东至台湾，西达甘肃，以黄河流域为分布中心，在内蒙古阿拉善南部至赤峰南部一线也有少量自然分布；华北、西北地区栽培最多。18 世纪，臭椿传入欧洲和北美，现多被列为外来入侵植物。

生态习性

　　喜光，生长快，根系深，萌芽力强；极耐旱，喜潮湿，但不耐水淹；能耐盐碱和瘠薄；对微酸性、中性和石灰质土壤都能适应。对氯气抗性中等，对氟化氢及二氧化硫抗性强。在次生林或混交林中，臭椿均居于林冠上层。

主要用途

　　臭椿树干通直高大，枝叶繁茂，冠圆如半球，颇为壮观，可用作行道树、园景树等；春季嫩叶紫红，秋季满树红色翅果，观赏价值高。臭椿对臭氧敏感，对土壤重金属锌有较强的耐性和富集性，可作为臭氧污染指示植物与土壤修复植物。木材坚韧，纤维长，是优良的造纸原料；材纹理细，质坚，耐水湿，可供桥梁、家具用材。树皮、根、果均可入药，具有清热燥湿、收涩止带、止泻、止血的功效；叶可饲椿蚕，浸出液可作土农药。臭椿有"小毒"，只供煎汤外洗使用。

树木文化

臭椿古代被称为"樗"，在典籍中记载颇多。《诗经·小雅》中就有"我行其野，蔽芾其樗"，可见在遥远的先秦时期，劳动人民就已经注意到了这种树木。《庄子·逍遥游》里，"吾有大树，人谓之樗，其大本拥肿而不中绳墨，其小枝卷曲而不中规矩。立之涂，匠者不顾"，意思是樗树生长迅速，但是材质较粗，不适合作木匠材料，后人于是称臭椿为无用之材，并且产生了"樗栎庸材"的成语。樗栎虽庸材，但是却靠着平庸无争，反而得以避免刀砍斧锯，平安长寿。唐朝白居易《林下樗》中"香檀文桂苦雕镌，生理何曾得自全。知我无材老樗否，一枝不损尽天年"，用老樗来比喻自己，表现出了知足常乐、不以物喜不以己悲的豁达心态。臭椿在一些地方也称为"椿"，开花很小，结穗生在顶端，果实生翅翼，种子突出于中间一点，形状像一只眼睛，有的地方便称其为"凤眼草"，更多的地方称其为"鼓鼓翅"。宋朝苏轼《樗》中把樗树封为神树，"自昔为神树，空闻蜩鷃鸣。社公烦见辍，为尔致羊羹。"臭椿的生长开花，与劳动人民的生产生活相伴。流行于山东莒县的歌谣"椿树握纂，穷汉瞪眼，椿树放翅，穷汉倒气，椿树笨篱头，穷汉就不愁"，大意是说椿树没开花时，正值青黄不接的季节，穷人的日子很不好过，椿树结果放翅时，正是麦收时节，吃粮缓和了许多，到椿树长得枝叶繁茂形如大筑篱时，秋粮也有了收获，穷人的难关就过了。

现在，我国北方许多地方的春节都有除夕转椿树或抱椿树的习俗。臭椿树通直高大，家长们往往期望孩子能像椿树一样，长得高高壮壮。如在山东莒县，小孩要抱紧大树，唱谣"椿树王，椿树王，你长粗，我长长"，连唱七遍，再向上跳几下，边跳边说"跳跳，长长，长到十八还长"，据说跳得越高，以后就会长得越高。古老的习俗承载着人们朴素而美好的愿望。臭椿虽不起眼，却有顽强的生命力，历经风吹雨打而坚强不屈，被视为"长寿树"，寓意长寿安康、吉祥。

保护现状

世界自然保护联盟濒危物种红色名录（IUCN 红色名录）：未予评估（NE）。

百木汇成林　树王聚金陵

金陵树王

楝

棟树王位于南京市玄武区龙蟠路 159 号南京林业大学二村 21 栋南侧绿地（N 32°4′59.844″、E 118°49′35.328″）。胸径 60 厘米，树高 18 米，冠幅 16 米，枝下高 4.5 米；树龄约 50 年，健康状况良好。棟树王高大挺拔，冠盖如伞，远观甚至难以想象这就是棟树。如隐士一般，低调藏身于百廿林业高校校园之中，独自悠闲地享受着四季轮回，这或许才是真正的生活，虽有王者气概但却气定神闲。暮春花开如紫霞，糯糯的清香，别有一番味道，初冬叶落果摇曳，虽不是舞者，但依然绰约多姿。

棟

学名　*Melia azedarach* L.
别名　苦棟、棟树、紫花树、森树、金铃子
科属　棟科（Meliaceae）棟属（*Melia*）

形态特征

　　落叶乔木，高达 10 余米。树皮灰褐色，纵裂。分枝广展，小枝有叶痕。二至三回奇数羽状复叶，长 20~40 厘米；小叶对生，卵形、椭圆形至披针形，先端短渐尖，基部楔形或宽楔形，边缘有钝锯齿。圆锥花序约与复叶等长，无毛或幼时被鳞片状短柔毛，花淡香，花瓣淡紫色，倒卵状匙形；雄蕊管紫色，无毛或近无毛，长 7~8 毫米；花药 10 枚，着生于裂片内侧，且与裂片互生；子房近球形，5~6 室，每室有胚珠 2 枚；花柱细长，柱头头状，顶端具 5 齿，不伸出雄蕊管。核果球形至椭圆形，成熟时黄色，长 1~2 厘米，宽 0.8~1.5 厘米，每室有种子 1 颗，种子椭圆形。花期 4~5 月，果期 10~12 月。

分布范围

　　广布于亚洲热带和亚热带地区，我国黄河以南各省份均有分布，生于低海拔旷野、路旁或疏林中。

花与核果

盛花

小花

种子

生态习性

喜光，喜温暖湿润气候，不耐寒；稍耐干旱、瘠薄，对土壤要求不严，喜深厚、肥沃、湿润土壤，在酸性、中性、钙质土及盐碱土中均可生长。较抗风，对二氧化硫、氟化氢抗性较强。

主要用途

树形优美，枝条秀丽，春夏之交盛开淡紫色花，香味浓郁；冬季满树串串黄色果实直至春季而不落，是优良的观花、观果树种，宜作庭荫树、行道树及工矿区绿化树种。边材黄白色，心材黄色至红褐色，纹理粗而美，质轻软，可用于制家具、建筑、农具、乐器等。果核仁油可供制润滑油和肥皂；根皮和树皮、叶、花、果均可入药，有清热燥湿、杀虫止痒、行气止痛的功效；苦楝子做成油膏可治头癣。

树木文化

楝树是古老的树种，《庄子·秋水》曾提及凤凰"非梧桐不栖，非练实不食，非醴泉不饮"，其中"练实"就是苦楝子。公元6世纪的《齐民要术》中就有楝树生长特性及育苗造林的记载。虽然楝树是一种极不起眼的树，但自然传播能力强，无论在田间屋后，还是荒郊野岭，都能经常看到它们的身影。楝树树形优美，羽叶舒展秀丽；每到暮春时节，百花谢幕，楝花却在这时盛开，满树繁花簇拥，犹如满天繁星。一串串、一簇簇，星星点点，细细碎碎，像一团团粉白的轻纱，又像一朵朵淡淡的紫云，更像一缕缕浅紫的烟霞，送来阵阵馥郁的花香，沁人心脾。楝树花也激起文人墨客的无限思绪，吟咏、赞美楝花的诗文不胜枚举，如北宋王安石所作"小雨轻风落楝花，细红如雪点平沙。槿篱竹屋江村路，时见宜城卖酒家。"北宋梅尧臣诗曰"紫丝晕粉缀鲜花，绿罗布叶攒飞霞"，南宋杨万里写道"只怪南风吹紫雪，不知屋角楝花飞"，道尽了楝花的玉貌冰姿。

古人观楝树花开花落，识节气，安排农事。宋代词人汤恢《倦寻芳》写道"风到楝花，二十四番吹遍"之句。物候现象是大自然的语言，劳动人民根据物候的变化安排农事，每当布谷鸟的叫声传来，楝花盛开，人们便知道该准备"割麦插禾"了。清代植物学者陈淏子在

核果

树皮

《花镜》中结合楝花始于暮春，收梢于初夏的生物学特点，记载了"江南有二十四番花信风，梅花为首，楝花为终"。《花信风之二十四·咏苦楝花》中有："漫将苦字记心头，无华春意留。紫千红常过眼，铃子缀满枝稠。"

楝花宜赏，亦可入药。《本草纲目》中记载："楝花，铺席下，杀蚤虱。"《本经逢原》中记述："苦楝花，烧烟辟蚊虫，亦为杀虫之验。"当楝花落尽，如青枣一样的楝果就挂满枝头，到了秋冬之时，楝果泛出金黄。楝果苦涩，萦绕在舌尖三日不绝，让人五味不辨。蛟龙畏楝，神鸟却"非楝不食"。

楝树象征坚韧顽强、奉献、乡愁与期待。有人说苦楝象征着苦恋或者可怜，其实不然，在古籍中，楝树也有吉祥的寓意。南朝梁代宗懔所著《荆楚岁时记》记载："蛟龙畏楝，故端午以楝叶包粽，投江中祭屈原""士女或取楝叶插头，彩丝系臂，谓为长命缕"。端午时节，古人将粽子投江前会以楝叶及五色丝缠之，以使蛟龙不敢靠近。女士以楝叶插头，可去邪僻恶。有些农村地区现在依然保留着四月初八打楝花的民俗。新婚夫妇清晨赤身打楝花，边打边唱"四月八打楝花，来年生个胖娃娃""楝树花多籽多，打了便可多子多福"，朴实的民俗寓意百姓对美好生活的向往或期盼。楝树春天绿意盎然，夏天紫晕流苏，秋天金风送爽，冬天果实累累，以淡定、从容之姿，包裹一轮又一轮坚硬的岁月，给人带来温馨和享受。古人说楝树是开悟的树，寓意懂得放下，才能得到自在。"处处社时茅屋雨，年年春后楝花风"，楝树是无数人儿时的美好记忆，也是游子的美丽乡愁。唐朝温庭筠在《苦楝花》赞曰："院里莺歌歇，墙头蝶舞孤。天香薰羽葆，宫紫晕流苏。唵暖迷青琐，氤氲向画图。只应春惜别，留与博山炉。"楝花谢尽，花信风止，然而对于敏感多情的诗人来说，花信风代表的不仅仅是节气的变换，更代表着时光的悄然流转，岁月的无情老去。当楝花风起的时候，暮春就到了，"楝花飘砌，蔌蔌清香细"，常常勾起思念故人的情愫和离愁之叹。

保护现状
世界自然保护联盟濒危物种红色名录（IUCN 红色名录）：无危（LC）。

百木汇成林　树王聚金陵

金陵树王

香椿

香椿树王位于南京市鼓楼区虎踞北路 185 号南京双门楼宾馆（N 32°05′06″、E 118°44′46″）。胸径 71 厘米，树高 18 米，冠幅 7 米，枝下高 7 米；树龄约 105 年，健康状况良好。双门楼宾馆的香椿树王亲历了虎踞北路 185 号大院的百年历史变迁。虎踞北路 185 号原是民国时期英国驻华大使馆旧址，馆舍始建于 1919 年；1935 年 6 月，英国将驻华公使馆升格为驻华大使馆；1950 年，大使馆迁址北京后，此处曾是苏联专家和留学生招待所；1953 年，该处为江苏省人民政府交际处使用；1958 年以后至今为双门楼宾馆使用。新中国成立后，由于城市建设需要，原有馆舍建筑大部分被拆除，现仍保留一座小白楼和一座小红楼。小白楼为办公楼，英国古典式建筑，砖混结构，柱廊造型，青石台阶，典雅气派。小红楼为住宅楼，欧洲乡村式别墅，砖木结构，红瓦屋面，铁制花台，清新高贵。

香椿

学名　*Toona sinensis*（A. Juss.）Roem.
别名　毛椿、香椿芽、春甜树、春阳树、椿
科属　楝科（Meliaceae）香椿属（*Toona*）

形态特征

落叶乔木。树皮粗糙，深褐色，片状脱落。叶具长柄，偶数羽状复叶，长 30~50 厘米或更长；小叶 16~20 枚，对生或互生，纸质，卵状披针形或卵状长椭圆形，长 9~15 厘米，宽 2.5~4 厘米，先端尾尖，基部一侧圆形，另一侧楔形，不对称，边全缘或有疏离的小锯齿，两面均无毛，无斑点，背面常呈粉绿色，侧脉每边 18~24 条，平展，与中脉几呈直角开出，背面略凸起；小叶柄长 5~10 毫米。圆锥花序与复叶等长或更长，被稀疏的锈色短柔毛或有时近无毛，小聚伞花序生于短的小枝上，多花；花长 4~5 毫米，具短花梗；花萼 5 齿裂或浅波状，外面被柔毛，且有睫毛；花瓣 5，白色，长圆形，先端钝，长 4~5 毫米，宽 2~3 毫米，无毛；雄蕊 10 枚，其中 5 枚能育，5 枚退化；花盘无毛，近念珠状；子房圆锥形，有 5 条细沟纹，无毛，每室有胚珠 8 颗，花柱比子房长，柱头盘状。蒴果狭椭圆形，长 2~3.5 厘米，深褐色，有小而苍白色的皮孔，果瓣薄；种子基部通常钝，上端有膜质长翅，下端无翅。花期 6~8 月，果期 10~12 月。

圆锥花序

羽状复叶

种子

蒴果

树皮

分布范围

产于华北、华东、华中、华南和西南各省份，生于山地杂木林或疏林中，各地也广泛栽培。朝鲜也有分布。

生态习性

喜光，不耐阴；较耐湿，适于生长在深厚、肥沃、湿润的砂质土壤中，在 pH 为 5.5~8.0 的中性、酸性及钙质土壤中生长良好，能耐一定盐渍。深根性，萌蘖力强，生长速度中偏快。

主要用途

香椿嫩叶红色，香味醇浓，营养丰富，含钙、磷、钾、钠等多种微量元素。幼芽嫩叶可食用，芳香可口，可凉拌、热炒或腌制。木材黄褐色而具红色环带，纹理美丽，质坚硬，有光泽，耐腐力强，易加工，为家具、室内装饰品及造船的优良木材。香椿也是重要的园林绿化树种，能防风固沙、保持水土。香椿叶、花、皮、果均可入药，有清热解毒、健胃理气、润肤明目、杀虫、除热、燥湿、补阳滋阴等功效。

树木文化

香椿原产于中国，是一种常见的木本蔬菜。人们食用香椿历史悠久，早在 2000 多年前就有食用香椿的记载。宋朝苏轼《春菜》记载："岂如吾蜀富冬蔬，霜叶露芽寒更苗。"元朝元好问的《溪童》曰"溪童相对采椿芽，指拟阳坡说种瓜。想是近山营马少，青林深处有人家"，描绘活泼可爱的孩童在春天采摘椿芽的画面。香椿芽有别具一格的馨香，古人说："食之竟月留齿香"。可食用的木本蔬菜也不在少数，如榆钱、葱木、刺槐花等，但在春天的美食中，要数香椿头香味最浓、回味最真。康有为《咏香椿》曰："山珍梗肥身无花，叶娇枝嫩多杈芽。长春不老汉王愿，食之竟月香齿颊"，道出了椿芽那让人唇齿生香的独特美味。宋朝苏颂盛赞："椿木实而叶香可啖。"明朝文人李濂的《村居》中写道："浮名除宦籍，初服返田家。腊酒犹浮瓮，春风自放花。抱孙探雀舟，留客剪椿芽。无限村居乐，逢人敢自夸。"用腊月酿造的美酒和采摘的椿芽来招待客人，凸显了香椿芽的珍贵。

小花

香椿的味道从古流传至今，一直受到人们的珍视。当代文人对香椿也赞不绝口，如周宁的"春霖霎霎润芳华，院外香椿吐嫩芽。翁媪持钩围树采，笑声阵阵满农家。"任刚的"一过清明染绿妆，春芽润雨沁心芳。门前老树攀枝采，巧手欣呈远客尝。"赵代峰的"椿芽不逊百花香，十里风尘醉意长。乡土融得情入味，配搭烈酒请君尝。"道出了春天采"椿"和品食椿芽的愉悦与欢快。香椿是农家的时鲜，也是待客至宝，承载着人们对春的喜爱和对客人的真诚与热情。香椿是春天的味道，也是春日的记忆。玉兰白过，桃花红过，菜花黄过，过了清明，天气渐暖，谷雨前后嫩红的椿芽绽放，故有"雨前香椿嫩如丝"之说。人们把春天采摘、食用香椿说成是"吃春"。香椿炒鸡蛋、香椿拌豆腐、煎香椿饼等一道道香椿美食，色香味俱佳，醇香爽口，营养丰富。

香椿是长寿树种，在《庄子》的名篇《逍遥游》中有"上古有大椿者，以八千岁为春，八千岁为秋。此大年也。"古代许多描述椿的诗词大多和长寿有关，给长辈的祝寿词中也常见"椿"之意象。如宋朝晏殊的《椿》："峨峨楚南树，杳杳含风韵。何用八千秋，腾凌诧朝菌。"后人便用"椿"比喻父亲，盼望父亲像椿树一样长生不老，"椿寿"后来引申为给男性长辈祝寿之义。又因孔子儿子孔鲤当年怕打扰父亲而"趋庭而过"，古人就把"椿"和"庭"合起来称父亲为"椿庭"。古人用"萱草"形容母亲，并且把"椿"和"萱"结合起来，用"椿萱并茂"形容父母健在长寿。椿看似朴实无华，寄托的却是对父亲和男性长辈浓浓的尊敬、爱和美好祝愿。

椿芽生发极快，欣欣向荣。因此，人们也把香椿树当作吉祥树，象征家宅兴旺、健康长寿，民间就有"宅有大椿，家寿百人"的谚语。

保护现状
世界自然保护联盟濒危物种红色名录（IUCN 红色名录）：无危（LC）。

百木汇成林　树王聚金陵

金 陵 树 王

厚壳树

厚壳树王位于南京市玄武区明孝陵景区梅花山（N 32°3′11″、E 118°50′8″）。胸径 45 厘米，树高 12 米，冠幅 13 米，枝下高 6 米；树龄约 150 年，健康状况良好。初见厚壳树树王，就被他伟岸的身躯所折服，灰白的树皮上已经布满绿色的青苔，彰显出其饱经风霜的过往，以茶、梅为伴，好不惬意！春季白花，秋季红果，厚壳树就这样妆点着梅花山的春秋。

厚壳树

学名　*Ehretia acuminata* R. Br.

别名　大岗茶、松杨

科属　紫草科（Boraginaceae）厚壳树属（*Ehretia*）

形态特征

落叶乔木，高达 15 米，具条裂的黑灰色树皮。枝淡褐色，平滑，小枝褐色，无毛，有明显的皮孔；腋芽椭圆形，扁平，通常单一。叶椭圆形、倒卵形或长圆状倒卵形，长 5~13 厘米，宽 4~6 厘米，先端尖，基部宽楔形，稀圆形，边缘有整齐的锯齿，齿端向上而内弯，无毛或被稀疏柔毛；叶柄长 1.5~2.5 厘米，无毛。聚伞花序圆锥状，长 8~15 厘米，宽 5~8 厘米，被短毛或近无毛；花多数，密集，小型，芳香；花萼长 1.5~2 毫米，裂片卵形，具缘毛；花冠钟状，白色，长 3~4 毫米，裂片长圆形，开展，长 2~2.5 毫米，较筒部长；雄蕊伸出花冠外，花药卵形，长约 1 毫米，花丝着生于花冠筒基部以上 0.5~1 毫米处，长 2~3 毫米；花柱长 1.5~2.5 毫米，分枝长约 0.5 毫米。核果黄色或橘黄色，直径 3~4 毫米；核具皱折，成熟时分裂为 2 个具 2 粒种子的分核。

果实

花

聚伞花序

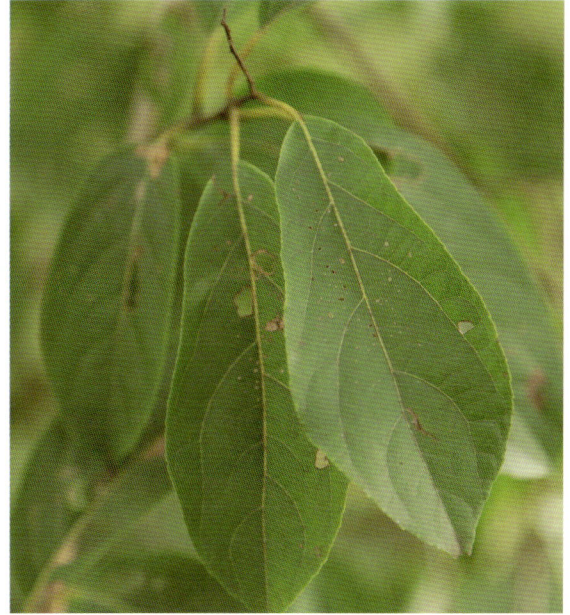

叶

分布范围

产于我国西南、华南、华东地区及台湾、河南等省份，生于海拔 100~1700 米丘陵、平原疏林、山坡灌丛及山谷密林。日本、越南亦有分布。

生态习性

喜光也稍耐阴，喜温暖湿润气候和深厚肥沃土壤，耐寒，较耐瘠薄，根系发达，萌蘖性好，耐修剪，为适应性较强的树种。

主要用途

树冠紧凑圆满，枝叶繁茂，春季白花满枝，秋季红果遍树，是优良的观花、观叶、观果树种，可作行道树和庭院观赏。树皮作染料，木材是建筑及家具优质用材；嫩芽可食用；叶、心材、树枝均可入药；叶性甘，微苦，可清热暑、祛腐生肌，主治感冒及偏头痛；心材性甘，咸，平，可破瘀生新，止痛生肌，主治跌打损伤、肿痛、骨折、痈疮红肿；树枝性苦，可收敛止泻，主治肠炎腹泻。

树木文化

珍稀树种，栽培历史已有千年，如今仍有古树历经风霜而不倒，耸立在寺庙、村庄或旷野。厚壳树对雨水特别敏感，大旱之年不发芽，呈"假死"状态；但在旱情解除后，万千枝条会重吐新绿，因此，厚壳树被认为有先知的神力，被誉为"神树"。它每年发芽的时间早晚不一，早至清明节前后，晚到芒种、麦收前后。农民根据其发芽早晚来预测年景：如果发芽较早，则预示着当年风调雨顺，农作物大丰收；如果发芽较晚，则可能会出现干旱等自然灾害。江苏东海县安峰镇山南村的厚壳树便是一个活生生的例子。据文字记载："光绪二十七年至二十九年，奇旱3年，草籽不收，饿殍遍地。红叶树（厚壳树）也曾不发芽。光绪三十年春（4月27日），此地遇特大暴雨……"，奇迹在这时发生了，那株"死"了几年的"红叶树绿上枝头，数天之内，叶如拳大"。其实它在干旱的年份里并不曾死去，只是默默地靠着体内存留的水分和深扎的根系韬光养晦；久旱逢甘霖，生命力重新复苏，便又顽强而坚韧地生长起来。更令人称奇的是厚壳树叶片划痕成形、写字留迹。摘下它的叶子，用带尖的硬物在其上写字画图，叶片就会很快显露出红色的字形或图案，几分钟后再由红变黑，字迹图形长久不退。

厚壳树全身是宝。《新华本草纲要》记载其为大红茶、大岗茶、松杨、苦丁茶，其叶、枝和心材都有药用价值。其嫩叶还是极品野菜，可以直接凉拌生吃，也可以炒熟后食用或煮汤。云南傣族人的吃法特别讲究，注重对原生态的追求，常常把嫩叶洗干净之后直接蘸酱吃，从而感受叶菜本身的清新、鲜美和回甘的风味。

"庭中有奇树，绿叶发华滋。"神奇的厚壳树是人们心中的"神灵"，寓意幸福与平安。

保护现状

世界自然保护联盟濒危物种红色名录（IUCN 红色名录）：未评估（NE）。

金陵树王

白蜡树

白蜡树王位于南京市鼓楼区察哈尔路 37 号南京师范大学附属中学图书馆旁（N 32°4′43″、E 118°45′6″）。胸径 73 厘米，树高 10 米，冠幅 10 米，枝下高 1.4 米；树龄约 105 年，健康状况一般。察哈尔路南京师范大学附属中学的白蜡树，虽无参天挺拔之气势，但饱经风霜的躯干同样述说着这位王者曾经的辉煌。察哈尔路校区曾是原江苏省立第一农业学校（中央大学农学院前身）林科树木标本园所在地，白蜡树应是 1917 年前后栽种。查阅南京师范大学附属中学历史堪称惊艳，同属清朝两江总督张之洞所建三江师范学堂的支脉，与南京其他大学不同，唯有此校为中学，足可见其"显赫家世"，历经十易校名，七迁校址，南师附中依然笑傲中华之中学堂。白蜡树王所处位置与附中知名校友巴金雕像作伴，甘做绿叶，遮起绿荫，这就是白蜡树王的精神，俯首甘为孺子牛的园丁精神未尝不是如此呢！

白蜡树

学名 *Fraxinus chinensis* Roxb.

别名 小叶白蜡、白蜡杆、新疆小叶白蜡、云南梣、尖叶梣、川梣、绒毛梣

科属 木犀科（Oleaceae）梣属（*Fraxinus*）

形态特征

　　落叶乔木，高 10~12 米。树皮灰褐色，纵裂。芽阔卵形或圆锥形，被棕色柔毛或腺毛。小枝黄褐色，粗糙，无毛或疏被长柔毛，旋即秃净，皮孔小，不明显。羽状复叶长 15~25 厘米；叶柄长 4~6 厘米，基部不增厚；叶轴挺直，上面具浅沟，初时疏被柔毛，旋即秃净；小叶 5~7 枚，硬纸质，卵形、倒卵状长圆形至披针形，长 3~10 厘米，宽 2~4 厘米，顶生小叶与侧生小叶近等大或稍大，先端锐尖至渐尖，基部钝圆或楔形，叶缘具整齐锯齿，上面无毛，下面无毛或有时沿中脉两侧被白色长柔毛，中脉在上面平坦，侧脉 8~10 对，下面凸起，细脉在两面凸起，明显网结；小叶柄长 3~5 毫米。圆锥花序顶生或腋生枝梢，长 8~10 厘米；花序梗长 2~4 厘米，无毛或被细柔毛，光滑，无皮孔；花雌雄异株；雄花密集，花萼小，钟状，

长约 1 毫米，无花冠，花药与花丝近等长；雌花疏离，花萼大，桶状，长 2~3 毫米，4 浅裂，花柱细长，柱头 2 裂。翅果匙形，长 3~4 厘米，宽 4~6 毫米，上中部最宽，先端锐尖，常呈犁头状，基部渐狭，翅平展，下延至坚果中部，坚果圆柱形，长约 1.5 厘米；宿存萼紧贴于坚果基部，常在一侧开口深裂。花期 4~5 月，果期 7~9 月。

分布范围

在我国分布广泛，北自中国东北中南部，经黄河流域、长江流域，南达广东、广西，东南至福建，西至甘肃均有分布，常见于海拔 800~1600 米山地杂木林中。越南、朝鲜也有分布。

生态习性

喜光树种，稍耐阴，耐寒；喜湿耐涝，也耐干旱；对土壤的适应性较强，在酸性、中性和碱性或轻度盐分土壤中均能生长，喜湿润、肥沃的砂壤质土壤。白蜡树萌芽、萌蘖力均强，耐修剪；生长较快，寿命较长，可达 200 年以上。抗烟尘、二氧化硫和氯气。

主要用途

白蜡树树干通直、端正，树形优美，春季枝繁叶茂而鲜绿，秋季树叶一片橙黄，观赏价值极高，是优良的行道树、庭园树，可群植或孤植，现多用于盐碱地绿化。近 30 年发现徐州以南地区树干受天牛危害严重，因此不宜大量栽培。白蜡树条可编织"白蜡草筐"，木材可以制作家具、农具、胶合板等。较粗的树枝，常称作"白蜡杆"，是现代枪矛、棍棒武术器械材料。白蜡树皮在《神农本草经》中记载属"秦皮"的一种，有"主风寒湿痹，洗洗寒气，除热，目中青翳白膜"的功效，是良好的中药材。

秋叶

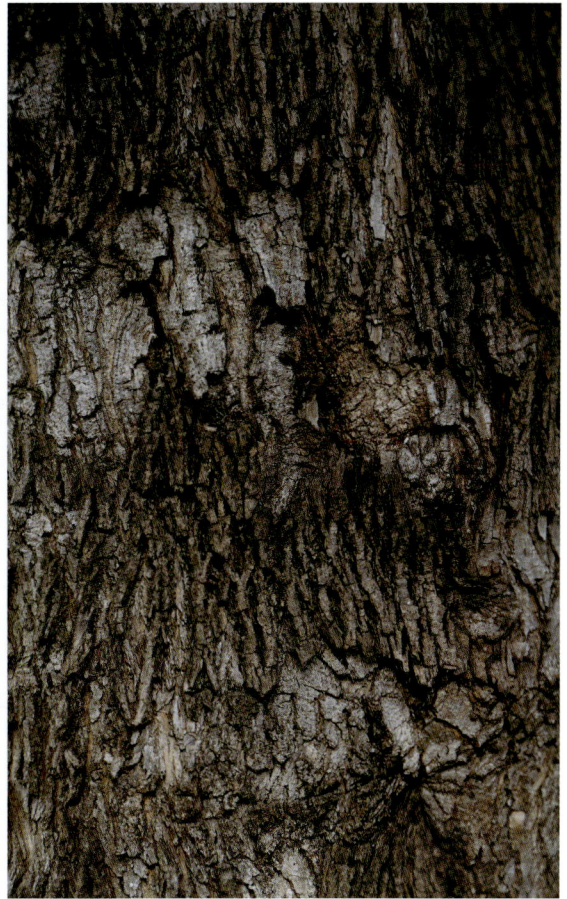

翅果   树皮

树木文化

　　白蜡树与"蜡"关系密切。我国用蜡历史悠久，3000多年前，劳动人民的生活就与蜡结下了不解之缘。蜡料主要来自两种昆虫蜡，即黄蜡（蜂蜡）和白蜡（虫白蜡）。白蜡树是白蜡虫寄主植物之一，雄虫分泌的蜡称为白蜡。明朝万历年间的《沅州府志》记载了白蜡的制成方法："处暑后剥取之，谓之蜡渣，其蜡渣烤化滤净或甄沥下器中，待冷凝成蜡块，而成蜡也"。白蜡仅产于中国，所以外国人称之为"中国蜡"，在清朝乾隆年间开始出口，名扬海外。白蜡纯净洁白、熔点高、凝结力强、硬度大、光亮好、无异味，而且理化性质稳定，因而广泛应用于机械、军工、电子、食品、医药等制造行业。时至今日，我国一些地方仍然生产白蜡，如芷江白蜡、峨眉米心蜡等。白蜡见证了我国人民几千年来的辛勤劳动，也默默无闻地奉献着自己的价值。

　　白蜡树形态优美、枝繁叶茂，秋叶金黄，观赏性强。近20年来，白蜡树在城乡绿化、沿海滩涂中应用最为广泛，尤其在北方。白蜡树独特的形态和季相变化的显著特点，多为文人所吟咏赞美，当代胡占宁有诗云："白蜡深秋非一般，满树金黄遮云天。谁个颜色有它艳，片片舒展天地间。"每当深秋时节，黄叶满地，有种"碧云天，黄叶地，秋色连波，波上寒烟翠"的凄清衰飒，触发人们心中的忧思。独步白蜡树下，金色的树叶纷纷飘落，满地金黄，文人墨客不由生发出绵长的思绪："黄叶凋尽白蜡树。秋山薄雪白纱覆。丽日镜天鸽畅舞。初着褚。昨夜风雨敲桄户。镇日忧君愁日暮。疏林残照寒鸦数。无计登楼伤远目。怨起雾。梦君昨夜迷归路。"

白蜡树内涵丰富，品性坚韧，还象征着积极向上的力量、顽强拼搏的品格和乐于奉献的精神，寓意生命不息，勇敢面对挫折。

羽状复叶

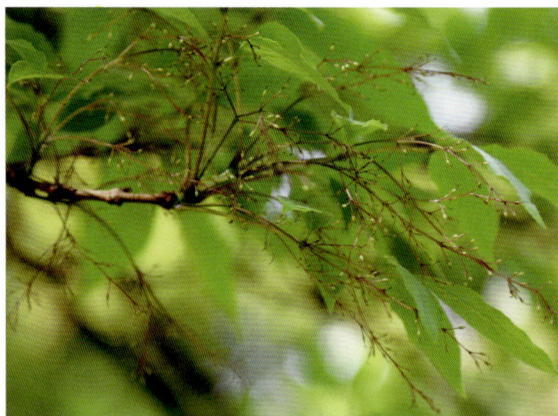
圆锥花序

保护现状

世界自然保护联盟濒危物种红色名录（IUCN 红色名录）：未予评估（NE）。

百木汇成林　树王聚金陵

金陵树王

流苏树

流苏树王位于南京市玄武区紫金山头陀岭（N 32°4′31.58″、E 118°50′52.14″）。地径90厘米，树高6米，冠幅8米；树龄约150年，健康状况良好。四月的紫金山，绿色覆满整个山川，唯独那流苏树却白色一片片，条条丝瓣汇聚成白茫茫的一团，风吹瓣舞，散发着淡淡清香。每逢春末夏初，流苏树花开一片，头陀岭因流苏而别样！

流苏树

学名 *Chionanthus retusus* Lindl. et Paxt.

别名 四月雪、萝卜丝花、牛筋子、乌金子、茶叶树、糯米花、如密花

科属 木犀科（Oleaceae）流苏树属（*Chionanthus*）

形态特征

落叶灌木或乔木，高可达20米。小枝灰褐色或黑灰色，圆柱形，开展，无毛；幼枝淡黄色或褐色，疏被或密被短柔毛。叶片革质或薄革质，长圆形、椭圆形或圆形，有时卵形或倒卵形至倒卵状披针形，长3~12厘米，宽2~6.5厘米，先端圆钝，有时凹入或锐尖，基部圆或宽楔形至楔形，稀浅心形，全缘或有小锯齿，叶缘稍反卷；幼时上面沿脉被长柔毛，下面密被或疏被长柔毛，叶缘具睫毛；老时上面沿脉被柔毛，下面沿脉密被长柔毛，稀被疏柔毛，其余部分疏被长柔毛或近无毛；中脉在上面凹入，下面凸起，侧脉3~5对，两面微凸起或上面微凹入，细脉在两面常明显微凸起；叶柄长0.5~2厘米，密被黄色卷曲柔毛。聚伞状圆锥花序，长3~12厘米，顶生于枝端，近无毛；苞片线形，长2~10毫米，疏被或密被柔毛，花长1.2~2.5厘米，单性花雌雄异株或为两性花；花梗长0.5~2厘米，纤细，无毛；花萼长1~3毫米，4深裂，裂片尖三角形或披针形，长0.5~2.5毫米；花冠白色，4深裂，裂片线状倒披针形，长（1）1.5~2.5厘米，宽0.5~3.5毫米，花冠管短，长1.5~4毫米；雄蕊藏于管内或稍伸出，花丝短于0.5毫米，花药长卵形，长1.5~2毫米，药隔突出；子房卵形，长1.5~2毫米，柱头球形，稍2裂。果椭圆形，被白粉，长1~1.5厘米，径6~10毫米，呈蓝黑色或黑色。花期3~6月，果期6~11月。

果与种子

叶

成熟果

花

分布范围

产于甘肃、陕西、山西、河北以南至云南、四川、广东、福建、台湾，生于海拔 3000 米以下的稀疏混交林或灌丛中，或长于山坡、河边。朝鲜、日本也有分布。

生态习性

生长速度较慢，寿命长；喜光，不耐荫蔽，耐寒、耐旱、耐瘠薄，忌积水，喜中性及微酸性土壤，以肥沃、透性好的砂壤土最为适宜，在 pH 8.7、含盐量 0.2% 的轻度盐碱土中能正常生长。

主要用途

枝叶繁茂，春季白花满树，花香怡人，远远看去好似雪落枝头，清新典雅，秋季串串蓝果，甚是美观，多用于园林观赏，也可用于营造防护林，防风固土。因树皮粗糙，老干横生，虬曲多姿，是制作盆景的优秀树材。北方常用流苏树作为桂花和丁香花嫁接的砧木，具有亲和力好、抗寒抗旱等优点。木质坚硬，纹理细致美观，可以制作精美的器具和家具。叶含有黄酮、苷类、裂环环烯醚萜、香豆素、多糖等多种有效成分，是药食同源植物；春季采其嫩叶、初夏采其花朵，阴干后分别制成糯米茶和糯米花茶，冲泡之后清香爽口，别具一番风味，有消暑止渴的功效，其茶渣还可治疗胃病和小儿腹泻等疾病，具有很高的药用价值。

树木文化

流苏树古老而珍稀，在我国栽培历史悠久。因似古代帐幕、女子服饰上的穗状饰物"流苏"而得名。每逢春末夏初，流苏树花儿盛开，明媚的骄阳之下，满树白花如

树皮

霜似雪，端庄秀美，花香浓郁，有"树覆一寸雪，香飘十里村"的美誉。一些民间诗人喜欢以流苏为写景素材，表达对花开胜景的赞美之意，如"四月春色雪纷纷，万里北国又铺银""流苏雪浪烟花树，皑皑疑作腊九冬""流苏花放四月天，雪浪翻飞动云烟""清明节后雪纷纷，漫天鹅毛下凡尘""吟业常愁意境寻，柔风最是润诗心，何人剪雪绣华锦，素裹银装一树春"等优美诗句。流苏花开，一年一轮回。淡香入心脾，细雪落玉枝。谁叹流苏美，回眸思故人。虽然重复了无数次落叶的惆怅，历经了风霜雨雪的洗礼，依然要把清雅芬芳留在人间，这样的气节让人动容。

古时候，树木常被当作乡土、家园的象征，成为人们物质和精神生活的重要寄托。作为传统乡土树种的流苏树，承载着许多人的乡愁情思和童年记忆。山东邹城千年孟府内有两棵300余岁的流苏树，它陪伴着世代的孟子嫡孙及四周的乡邻。北京密云区以举办"雾灵山麓、流苏树情"诗歌朗诵会的形式，借歌颂流苏树来表达对童年美好记忆及对故乡最真挚的思念。

在历史发展的进程中，流苏树被人们赋予了特有的文化精神。如柳山镇庙山村现存的两棵600余岁的流苏树正是"孝廉文化"的重要象征。另外，由于流苏花开雪白，叶为绿色，绿色为青，谐音为清，不难让人想到"清清白白"。文艺作品中多以流苏树为引，表达深厚而可贵的精神内涵，赞扬清白做人、清正廉洁的品格。除清白做人外，流苏树还寓意不甘屈服，勇于抗争，怀念往事，心怀感恩。流苏花像是一位清新高雅的女子，展示着淡雅、含蓄之美，不显一丝张狂之气。张爱玲笔下《倾城之恋》中的女主人公白流苏，拥有倾国倾城的美貌，她淡雅的气质正如流苏之花，从她身上可以看到努力向命运抗争的旧时代女性的身影。白流苏的人生就好比流苏树一般，芳华逝去，尝尽人间冷暖后，终获属于自己的幸福。

保护现状

《中国生物多样性红色名录（高等植物卷）》：无危（LC）。

世界自然保护联盟濒危物种红色名录（IUCN红色名录）：无危（LC）。

《河北省重点保护野生植物名录（第一批）》。

《山西省重点保护野生植物名录（第一批）》。

百木汇成林　树王聚金陵

金 陵 树 王

白花泡桐

白花泡桐树王位于高淳区砖墙镇竹园村后埠（N 31°15′51″、E 118°51′22″）。胸径94厘米，树高15米，冠幅10米；树龄约50年，健康状况一般。50年前，泡桐作为用材树种在大江南北广泛种植，这棵树王想必也是村民作为"四旁"绿化所植，未曾想时过境迁，一棵小苗长成了"巨无霸"，守候在村口，挺拔云霄，仿佛威风凛凛地宣誓着自己的威严，向世人讲述着自己成王的故事！

白花泡桐

学名 *Paulownia fortunei*（Seem.）Hemsl.

别名 通心条、饭桐子、沙桐彭、火筒木、华桐、大果泡桐、白花桐

科属 玄参科（Scrophulariaceae）泡桐属（*Paulownia*）

形态特征

落叶乔木，高达30米，胸径可达2米。树冠圆锥形，主干直，树皮灰褐色。幼枝、叶、花序各部和幼果均被黄褐色星状茸毛，但叶柄、叶片上面和花梗渐变无毛。叶片长卵状心脏形，有时为卵状心脏形，长达20厘米，顶端长渐尖或锐尖头，其凸尖长达2厘米，新枝上的叶有时2裂，下面有星毛及腺，成熟叶片下面密被茸毛，有时毛很稀疏至近无毛；叶柄长达12厘米。花序枝几无或仅有短侧枝，花序狭长几乎成圆柱形，长约25厘米，小聚伞花序有花3~8朵，总花梗几乎与花梗等长，或下部者长于花梗，上部则略短于花梗；花萼倒圆锥形，长2~2.5厘米，花后逐渐脱毛，分裂至1/4或1/3处，萼齿卵圆形至三角状卵圆形，至果期变为狭三角形；花冠管状漏斗形，白色仅背面稍带紫色或浅紫色，长8~12厘米，管部在基部以上不突然膨大，并逐渐向上扩大，稍稍向前曲，外面有星状毛，腹部无明显纵褶，内部密布紫色细斑块；雄蕊长3~3.5厘米，有疏腺；子房有腺，有时具星毛，花柱长约5.5厘米。蒴果长圆形或长圆状椭圆形，长6~10厘米，顶端之喙长达6毫米，宿萼开展或漏斗状，果皮木质，厚3~6毫米。种子连翅长6~10毫米。花期3~4月，果期7~8月。

花苞

种子

聚伞花序

蒴果

树皮

分布范围

分布于安徽、浙江、福建、台湾、江西、湖北、湖南、四川、云南、贵州、广东、广西等，山东、河北、河南、陕西等地有引种，常生于低海拔的山坡、林中、山谷及荒地，越向西南则分布越高，可达海拔 2000 米。越南、老挝也有分布。

生态习性

速生树种，喜光，较耐阴，喜温暖气候。对土壤肥力、土层厚度和疏松程度要求高，在黏重的土壤上生长不良。吸附烟尘，抗有害气体，净化空气的能力较强。

主要用途

白花泡桐为泡桐属中适应性较强的一个种，其生长快，树体高大，干形较好，适应性较强；春天满树繁花，夏天绿树成荫，适于庭园、公园、广场、道路作庭荫树或行道树，也可用于厂矿绿化，净化空气。木材耐腐蚀，不易变形，燃点高，可用于制作家具、乐器等。花蕾可蒸食、凉拌和炒食。叶、花、果均可入药，有化痰止咳、消肿解毒的功效。

树木文化

泡桐属植物共 7 种，均产自我国。泡桐在我国具有悠久的栽培历史，此属植物的名称在古书中有不少记载。如《尔雅》中称其为"荣桐木"；《桐谱》中有"白花桐"和"紫花桐"之称；《本草纲目》中称"桐""泡桐"等。《齐民要术》《桐谱》等书中较详细地记述了泡桐的形态、栽培、材性及加工利用方法等内容。桐花盛开时，满树紫白相间的花朵竞相绽放，香气氤氲缭绕，充满春日欣欣向荣的气息。陆游《上巳临川道中》曰："纤纤女手桑叶绿，漠漠客舍桐花春。"桐花大而呈喇叭状，而且先叶怒放，气势宏伟，李商隐赞其"桐花万里丹山路"。淡雅的紫白色花冠又增添了优雅端庄的美感，特别惹人喜爱。唐朝白居易和元稹的互赠诗中写道："月下何所有，一树紫桐花""微月照桐花，月微花漠漠"。诗人通过赏花赠诗来传递友谊，还开创了月下赏桐花的新意境。桐花无所不在，把春天妆点成"紫者吐芳英，烂若舒朝霞"的美轮美奂之景。桐花绽放恰恰也有明显的物候特征。"季春之月，桐始华"，桐花始于暮春，传递着春夏交替、自然时序轮转的讯息。胡仲弓在《送谢刑部使君赴召》中写道："桃李竞随春脚去，仅留遗爱在桐花。"桐花也有"殿春"之意，人们看到桐花，就意识到清明即将到来。姹紫嫣红的春天，桃梨杏李等花过，桐花在气清景明的节气里应候绽放。其实泡桐浅紫柔白的花，也符合清明节悲欣交集的气质。白居易的《桐花》写道："春令有常候，清明桐始发。"《寒食江畔》中写道："忽见紫桐花怅望，下邽明日是清明。"桐花凋零的时候，遍地都是密密层层的花朵，如铺茵褥，常引发伤春思绪，宋代林逢吉的《新昌道中》写道"客里不知春去尽，满山风雨落桐花。"杨万里《过霸东石桥桐花尽落》曰："老去能逢几个春？今年春事不关人。红千紫百何曾梦？压尾桐花也作尘。"然而在一些诗人眼里，桐花凋落并非寥落、衰败的情景，其中也彰显出一种鲜活的生机和超脱自我的情志，如萨都剌《赠茅山道士胡琴月》曰："茅山道士来相访，手抱七弦琴艺张。准拟月明弹一曲，桐花落尽晓风凉。"高翥《山堂即事》曰："杜鹃声里桐花落，山馆无人昼掩扃。老去未能忘结习，自调浓墨写黄庭。"

桐材质软、密度小、不易腐烂、不易开裂、纹理优美、加工容易、刨面光滑，且具有优良的共振性质，发音清脆、透彻、醇厚，是制作乐器，尤其是中国民族乐器的重要用材。泡桐木制琴由来已久，如《尚书》中记载："峄山之阳特生桐，中琴瑟。"《诗经·鄘风·定之方中》云："树之榛栗，椅桐梓漆，爰伐琴瑟。"古人制琴以泡桐属树木的木材做面板，以梓树属树木的木材做背板，被称为"桐天梓地"。

古代桐花有多种意象，如欣欣向荣、烂漫与热烈、凄迷与愁苦，而如今桐花也被赋予新的内涵：永恒的守候以及期待爱情。

保护现状

世界自然保护联盟濒危物种红色名录（IUCN 红色名录）：未予评估（NE）。

金陵树王

梓

梓树王位于南京市玄武区佛心桥 37 号原香林寺大殿后（N 32°03′14″、E 118°45′48″）。胸径 68 厘米，树高 18 米，冠幅 7.2 米，枝下高 2.2 米；树龄约 98 年，健康状况良好。追溯佛心桥的来历，绕不过南京香林寺。香林寺始建于南朝萧梁天监年间，原址位于江宁湖熟，至明洪武元年迁至南京城东明故宫北建寺，清朝康熙皇帝亲题"香林寺"匾额，后又曾作为江宁织造府曹家的"家庙"；香林寺与鸡鸣寺、古林寺并称南京三大寺，亦有香林寺、古林寺、毗卢寺三大寺之说，足可见香林寺在南京佛教界的地位。明故宫通往香林寺原有一木桥，以"佛在我心"之义，名曰"佛心桥"，后逐渐演绎为一地名，即指现南京市玄武区后宰门街道中部一带。梓乃木之王者，树中贵族，佛教和皇室均较为尊崇梓树，推想该梓树王应是当年香林寺僧人或香客所植，寄托对美好事情的向往。

梓

学名 *Catalpa ovata* G. Don.
别名 楸、花楸、水桐、臭梧桐、黄花楸、木角豆
科属 紫葳科（Bignoniaceae）梓属（*Catalpa*）

形态特征

落叶乔木，高达 15 米。树冠伞形，主干通直，嫩枝具稀疏柔毛。叶对生或近对生，有时轮生，阔卵形，长宽近相等，长约 25 厘米，顶端渐尖，基部心形，全缘或浅波状，常 3 浅裂，叶片上面及下面均粗糙，微被柔毛或近于无毛，侧脉 4~6 对，基部掌状脉 5~7 条；叶柄长 6~18 厘米。顶生圆锥花序，长 12~28 厘米；花萼蕾时圆球形；花冠钟状，淡黄白色，内面具 2 黄色条纹及紫色斑点；子房上位，棒状；花柱丝形，柱头 2 裂。蒴果线形，下垂，长 20~30 厘米，粗 5~7 毫米。种子长椭圆形，长 6~8 毫米，宽约 3 毫米，两端具有平展的长毛。花期 5~6 月，果期 8~10 月。

圆锥花序

盛花

分布范围

分布较广，主要产于长江流域及以北地区，但野生者已不多见，多栽种于村庄附近及公路两旁。日本也有分布。

生态习性

喜光树种，幼苗耐阴，较耐严寒，冬季可耐 –20℃低温，喜欢深厚肥沃并且湿润的砂质土壤，微酸性、中性土壤都能正常生长。耐轻度盐碱，不耐干旱和瘠薄；抗污染能力很强，对生活和工业烟尘及二氧化硫等有害气体抗性较强。

主要用途

树姿优美，叶片浓密，春夏繁花满树，秋季叶色变黄，绿化和观赏价值均较高，宜作行道树、庭荫树和工厂绿化。梓树生长快，木材质地稍软，易于加工，可以制造很多生活用具。古人用桐木（泡桐）做琴面板，用梓木作琴底，叫做"桐天梓地"，视为琴中上品；梓木也常用作古代印刷用的雕版。树皮、叶皆可作药用、农药和饲料。《群芳谱》记载："梓以白皮者入药，味苦寒无毒、治毒热、去三虫，疗目疾、吐逆及一切温病。"树皮和叶煎汁可治稻螟、稻飞虱等农作物害虫。

树木文化

梓树树体高大，优美漂亮，人们特别喜欢栽种梓树，赞美梓树。《诗经》里不止一处描述梓，《小雅·小弁》中有"维桑与梓，必恭敬止"的诗句，把梓树与父母相提并论，看到父母种植的桑与梓，就犹如见到父母一般，毕恭毕敬，展现了儒家孝道文化。大约从东汉起，人们就用桑梓来指代故乡，寓意对家的思念和对长辈的敬意，也表达先祖对家族的保佑之意。蔡文姬的《胡笳十八拍》有云："生仍冀得兮归桑梓，死当埋骨兮长已矣"，借桑树和梓树抒发自己身在胡地却情牵故乡，日夜渴望归乡的赤子之情。"谢病始告归，依依入桑梓"，表达了唐代王维怀着对家乡的浓浓思念告病辞官。"梓里""乡梓"等词，都是故乡的别称。清朝的园艺专著《花镜》说，林中要是有梓树，"诸木皆内拱"，所有的树都会朝它弯

蒴果

树皮

叶

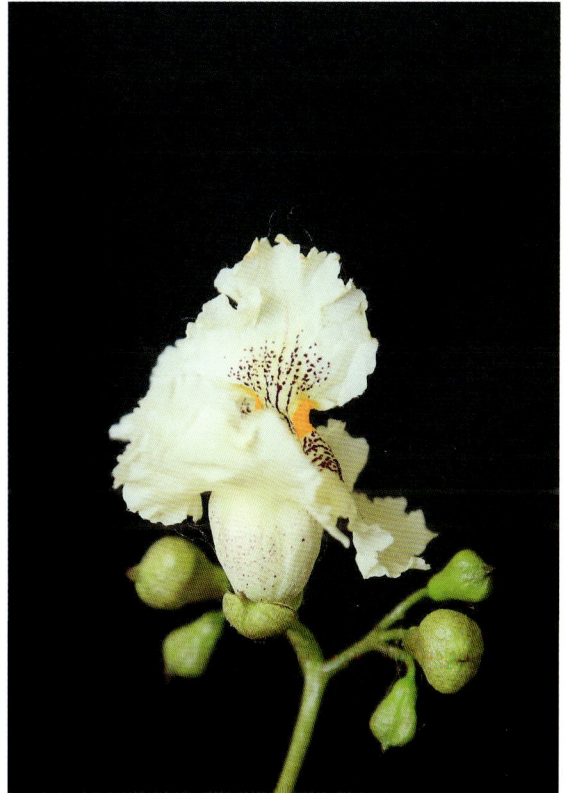

小花

腰致敬，足以看出古人对梓树的看重程度。古时皇帝称皇后为"梓童"，皇后的印章由梓木雕刻制作。梓童取自"子童"，皇家子嗣为大，要求皇后不但要貌美如花，而且要承担起皇室传宗接代的重任。《埤雅》把梓树称为"木王"，古代制作乐器、棺材常用到梓木，所以在房前屋后、田间地头多有种植。梓树花为喇叭形，若风铃状，素色白中透着奶黄，有两道黄色虚线粗条纹，分布着紫色斑点，显得雅而不俗、温润清新，不少文人雅士赞许梓树花，如元末明初画家、诗人倪瓒写道："梓树花开破屋东，邻墙花信几番风。闭门睡过兼旬雨，春事依依是梦中。"在清朝学者吴颖芳眼中，梓花与兰草并列，清雅中暗含书香："水玉清谈胜一时，梓花兰草忆佳期。矮窗掩尽西池晚，残月依依上竹枝。"

梓花的花语是希望，象征对美好生活的期待，亦有祈求姻缘、婚姻幸福以及求子的寓意。

保护现状

世界自然保护联盟濒危物种红色名录（IUCN 红色名录）：低危（LC）。

种子

百木汇成林　树王聚金陵

金陵树王

木绣球

木绣球树王位于南京市江宁区东善桥林场场部（N31°51′16.10″、E118°46′26.62″）。树高6米，冠幅10米；树龄约85年，健康状况良好。初夏已是绣球花开的季节，南京绿地、公园多有栽种，花大色美，靓丽多彩。但与低矮的绣球不同，木绣球花开时节，百花成朵，团扶如球，清香脱俗。长于东善桥林场的这株木绣球，植于林场建场初期，花开时更是雄姿壮观，绿叶之中衍生出绿色芬芳，绽放之时又变成朵朵白花，诮观百花，洁白无瑕，烦神忧愁飘然而去，心中喜悦瞬时即来，心花怒放之时，不妨按下快门，记录下这赏心悦目的一刻。

花

花

木绣球

学名	*Viburnum keteleeri* 'Sterile'
别名	绣球荚蒾、紫阳花、粉团花
科属	忍冬科（Caprifoliaceae）荚蒾属（*Viburnum*）

形态特征

落叶或半常绿灌木，高达 4 米。树皮灰褐色或灰白色。芽、幼枝、叶柄及花序均密被灰白色或黄白色簇状短毛，后渐变无毛。叶临近冬季至翌年春季逐渐落尽，纸质，卵形至椭圆形或卵状矩圆形，长 5~11 厘米，顶端钝或稍尖，基部圆或有时微心形，边缘有小齿，上面初时密被簇状短毛，后仅中脉有毛，下面被簇状短毛，侧脉 5~6 对，近缘前互相网结，连同中脉上面略凹陷，下面凸起；叶柄长 10~15 毫米。聚伞花序，直径 8~15 厘米，全部由大型不孕花组成，总花梗长 1~2 厘米，第一级辐射枝 5 条，花生于第三级辐射枝上；萼筒筒状，长约 2.5 毫米，宽约 1 毫米，无毛，萼齿与萼筒几等长，矩圆形，顶钝；花冠白色，辐状，直径 1.5~4 厘米，裂片圆状倒卵形，筒部甚短；雄蕊长约 3 毫米，花药小，近圆形；雌蕊不育。花期 4~5 月。

分布范围

江苏、浙江、江西和河北等省份均见有栽培。

生态习性

喜光，略耐阴，喜温暖湿润气候。生性强健，较耐寒，耐旱。喜生于湿润肥沃的土壤。长势旺盛，萌芽力、萌蘖力均强。

主要用途

主要用于城市和庭院绿化。树姿舒展，开花时白花满树，犹如积雪压枝，宜庭院、公园、街头绿地等孤植、丛植或列植。

树木文化

木绣球是一种非常受人们喜爱的木本花卉。其树叶青翠，花初开青翠嫩绿，盛放如雪，团团簇簇，宛如绣球一般缀满枝头，有玉树银花的唯美感。绣球花的历史记载始见于宋朝。北宋杨巽斋写有《玉绣球》和《滚绣球》。其中，《滚绣球》曰："琢玉英标不染尘，光含月影愈清新。青皇宴罢呈馀枝，抛向东风展转频。"南宋周必大的《玉棠杂记》记载了木绣球的栽培："东窗阁下，甃小池久无雨则涸，傍植金沙月桂之属，又有海棠、郁李、玉绣球各一株。"周密的《武林旧事》亦记："禁中赏花非一，钟美堂花为极盛。堂前三面，皆以花石为台三层，台后分植玉绣球数百株，俨如镂玉屏"。明代王世贞《金陵诸园记》载："杞园绣球花一本，可千朵"。明代王象晋的《群芳谱》对绣球的性状作了较详细的描述："绣球，木本皱体，叶青色，微带黑而涩。春月开花，五瓣，百花成朵，团圃如毯……宜寄枝，用八仙花体。"

叶

花

树皮

古人喜爱莹白如雪的木绣球，对木绣球赞誉有加，不少诗人留下了称颂木绣球的诗作。北宋吴县人朱长文作有《玉蝶球》："玉蝶交加翅羽柔，八仙琼萼并含羞。春残应恨无花采，翠碧枝头戏作球。"宋代顾逢《正绣球花》曰："正是红稀绿暗时，花如圆玉莹无疵。何人团雪高抛去，冻在枝头春不知。"

元、明、清三朝也有咏木绣球的诗词，元人诗云："绣球春晚欲生寒，满树玲珑雪未干。落遍杨花浑不觉，飞来蝴蝶忽成团。"明朝沈守正曰："昔年快阁曾看雪，今日花开当雪看。"明朝谢榛的《绣球花》曰："高枝带雨压雕栏，一蒂千花白玉团。怪杀芳心春历乱，卷帘谁向月中看"，借绣球花表达了肃静矗立，静看花开花落，旁观人世沧桑的心情。清朝汪东《转应曲》云："阑畔。阑畔。一树绣球花满。盈盈握雪团酥。"每当海棠花尽，倒是绣球花开之际，花簇成一朵，团成一树；先绿后白，花球如雪，洁白的"大绣球"给人以强烈的视觉震撼。当代文学爱好者王树茂赞誉木绣球道："东风何必恨芳残，一蒂千花聚为团。莫说寂寥春去远，玲珑满树斗鲜妍。"相比艳丽的花卉，木绣球虽姗姗来迟却花团锦簇，满树如玉如雪，反而更显秀丽，因此一直倍受人们的喜爱。

木绣球象征忠贞、永恒、希望、团圆。

保护现状

世界自然保护联盟濒危物种红色名录（IUCN 红色名录）：未予评估（NE）。

参考文献

陈永岐.中日樱花文化的相同点与相异点——以文本作为分析对象 [J].文化论坛，2016（20）：126–128.

陈仲丹.日本樱花文化中的凄美情结 [J].唯实，2015（5）：84–87.

段美红，李庆卫.腊梅与蜡梅 [J].北京林业大学学报，2015，37（S1）：100–104.

冯广平，Mehrotra R. C，张红，等.试论佛教的七叶树选择 [J].东方考古，2014（0）：427–432.

傅小龙.回望那棵苦槠树 [J].时代主人，2021（12）：47.

龚倡姜，卫兵.流苏树的文化意蕴及在园林绿化中的应用 [J].黑龙江农业科学，2019（2）：90–93.

何云龙.白皮松植物文化考据及其在河洛地区古树资源调查分析 [D].新乡：河南师范大学，2014.

洪显勇.千年苦槠 [J].森林与人类，2016（12）：70–72.

胡艳敏，唐风.构树与宗教文化 [J].生命世界，2018（3）：32–33.

李朝虹.古代梓、楸考异 [J].北京林业大学学报（社会科学版），2007，4（6）：20–24.

李莉.中国松柏文化初论 [J].北京林业大学学报（社会科学版），2004，1（3）：16–20.

林舒琪，陈瑞丹.传统诗画中的蜡梅文化与园林应用 [J].中国园林，2020，36（增刊）：88–92.

刘澄澄，刘春勇.日本文学与文化中樱花意象的流变 [J].文化创新比较研究，2022（31）：5–10.

刘贵斗.石榴古诗六百首 [M].北京：作家出版社，2009.

刘千千，张淼.折柳寄情文化内涵的千年变迁 [J].文化产业，2023（14）：70–72.

娄江辉，黄志明，刘小军，等.涩肠固脱的苦槠与生态文化启示 [J].现代园艺，2020，43（15）：123–124.

陆小鸿."佛门圣树"七叶树 [J].广西林业，2019（8）：46–47.

缪士毅.苦槠树·苦槠豆腐 [J].国土绿化，2023（3）：66.

聂飞，陈必应.论古诗词中的石榴意象 [J].洛阳理工学院学报（社会科学版），2022，37（1）：82–86.

祁振声，史彩君."海桐"原植物的本草考证 [J].河北林果研究，2013，28（4）：414–421.

石兰兰，汪睿，王玉荣．黄杨木特性及木雕应用 [J]. 林产工业，2022，59（6）：57-60.

舒方鸿．日本樱花象征意义的考察 [J]. 日本学刊，2009（2）：123-135.

唐桂兰，王淼博．蜡梅观赏性及其园林应用 [J]. 南京林业大学学报（人文社会科学版），2017，17（4）：146-152.

王金英．神奇的厚壳树 [J]. 农业知识，2008（26）：14.

王树芝．泡桐树的考古发现及其文化刍议 [J]. 农业考古，2018（4）：18-24.

王希群，郭保香．郑万钧教授与我国第一部珍稀植物科学普及片《水杉》[J]. 中国林业教育，2011，29（1）：1-4.

王相飞．中日"樱花"意象比较研究 [J]. 南京师范大学文学院学报，2007（2）：112-118.

魏家星，姜卫兵，翁忙玲．七叶树的文化意蕴及在园林绿化中的作用 [J]. 园艺园林科学，2008，12（24）：356-359.

徐波．清代盆景文化之个案研究 [J]. 上海大学学报（社会科学版），2000，7（2）：53-57.

徐兴友，赵永光，孟宪东，等．叶底珠种子形态与组分研究 [J]. 种子，2007，4（26）：18-20.

叶和平，邱海明．中山植物置山中 青翠古杉谷翠青——纪念植物育种学家叶培忠教授诞辰 120 周年 [J]. 沈阳农业大学学报（社会科学版），2018，20（2）：129-136.

于丹丹．中国古代诗歌中"松柏"文学意象的形成、演进及其内涵 [D]. 长春：东北师范大学，2007.

余君．中国古代柳树的栽培及柳文化 [J]. 北京林业大学学报（社会科学版），2006，5（3）：33-39.

俞香顺．桐花意象考论 [J]. 南京师范大学文学院学报，2010（2）：129-131.

俞香顺．杨桐·海桐·拆桐文献考论 [J]. 北京林业大学学报（社会科学版），2012，11（2）：24-27.

张俊岭．木香花开满庭芳 [J]. 花木盆景（花卉园艺），2013（5）：38-39.

张连全．青杉葳蕤满目春——杂种墨西哥落羽杉引种追记 [J]. 园林，2006（5）：40-41.

赵天羽．传统文化中柳树的民俗审美 [J]. 淮阴工学院学报，2017，26（4）：46-69.

中国科学院中国植物志编辑委员会．中国植物志 [M]. 北京：科学出版社，2004.

周统建．大树之歌 [J]. 中国花卉园艺，2002（2）：30-31.